MANUSCRITS

DE

ÉVARISTE GALOIS.

Extrait du *Bulletin des Sciences mathématiques*,
2e série, t. XXX et XXXI; 1906-1907.

MANUSCRITS

DE

ÉVARISTE GALOIS

PUBLIÉS

Par JULES TANNERY,

SOUS-DIRECTEUR DE L'ÉCOLE NORMALE.

PARIS,

GAUTHIER-VILLARS, IMPRIMEUR-LIBRAIRE

DU BUREAU DES LONGITUDES, DE L'ÉCOLE POLYTECHNIQUE,

Quai des Grands-Augustins, 55.

1908

MANUSCRITS

DE

ÉVARISTE GALOIS.

INTRODUCTION.

Les manuscrits de Galois ont été remis à Joseph Liouville par Auguste Chevalier : Liouville a légué sa bibliothèque et ses papiers à l'un de ses gendres, M. de Blignières (1). Mme de Blignières s'occupe pieusement de classer les innombrables papiers de son mari et de son illustre père. Elle a recherché et su retrouver (non sans peine) les manuscrits de Galois : ceux-ci, ainsi que d'autres papiers importants, seront donnés à l'Académie des Sciences : Mme de Blignières a bien voulu, en attendant, m'autoriser à examiner les manuscrits de Galois et à en publier des extraits : je lui exprime ici ma profonde reconnaissance.

Je dois aussi des remercîments à M. Paul Dupuy, dont tous les géomètres connaissent la belle Notice sur la vie d'Évariste Galois, publiée dans les *Annales scientifiques de l'École Normale* (2).

---

(1) Célestin de Blignières (1823-1905), ancien Élève de l'École Polytechnique, a été l'un des disciples directs d'Auguste Comte, l'un des plus distingués sans doute et vraiment capable, par l'étendue de son esprit et de son savoir, de comprendre pleinement la doctrine du maître. Mais l'indépendance de son caractère et l'originalité de son esprit l'ont empêché de s'enrôler dans l'un ou l'autre des partis du Positivisme. Il plaisantait parfois de son isolement et se qualifiait de *blignièriste* : on lui doit une intéressante *Exposition de la Philosophie et de la Religion positives* (Paris, Chamerot, 1857).

Pendant neuf ans (1874-1882), un commerce de pensée, très actif, s'établit entre Liouville et M. de Blignières. De ce commerce, dont l'un et l'autre ont beaucoup joui, M. de Blignières a gardé jusqu'à sa mort un souvenir singulièrement vif et présent.

(2) Tome XIII (1896) de la 3e série. Cette Notice a été reproduite, avec le portrait de Galois, dans les *Cahiers de la quinzaine* [2e cahier de la 5e série (1903)].

M. Dupuy a bien voulu procéder à un premier classement des manuscrits qui m'avaient été remis et en séparer ceux qui appartiennent incontestablement à Galois, dont il connaît bien l'écriture.

Les lignes qui suivront, les quelques fragments ou notes que je pourrai publier n'ajouteront rien à la gloire de Galois : elles ne sont qu'un hommage rendu à cette gloire dont l'éclat n'a fait que grandir depuis la publication de Liouville.

Cette publication a été faite de la façon la plus judicieuse; mais, soixante ans plus tard, on est tenu à moins de réserve. Les mathématiciens s'intéresseront toujours à Galois, à l'homme et à ses écrits : il est de ceux dont on voudrait tout savoir.

Je m'occuperai tout d'abord des œuvres posthumes et des papiers qui s'y rapportent. Pour la plupart de ces papiers, on possède la copie de Chevalier; d'ailleurs l'écriture de Galois est, d'ordinaire, parfaitement lisible et même assez élégante; mais elle est parfois abrégée, hâtive; les ratures et les surcharges abondent; j'aurai à signaler quelques mots et quelques phrases illisibles.

L'importance de l'œuvre de Galois sera mon excuse pour la minutie de certains détails, où j'ai cru devoir entrer, et qui va jusqu'au relevé de fautes d'impression, dont le lecteur attentif ne peut manquer de s'apercevoir. Je ne me dissimule pas ce que cette minutie, en elle-même, a de puéril.

Les œuvres posthumes occupent les pages 408-444 du Tome XI (1846) du *Journal de Mathématiques pures et appliquées* et les pages 25-61 des *Œuvres mathématiques d'Évariste Galois publiées sous les auspices de la Société mathématique de France* (¹). C'est, sauf avis contraire, à ce dernier Ouvrage que se rapportent tous les renvois.

Lettre a Auguste Chevalier

(pages 25-32).

Dimensions du papier : 31 × 20. La lettre, datée deux fois, au commencement et à la fin (29 mai 1832), contient sept pages : le

(¹) Paris, Gauthier-Villars, 1897.

bas de la septième, au-dessous de la signature, a été coupé sur une longueur d'environ 8^{cm}.

Le verso de la dernière page contient le brouillon de deux lettres, d'ailleurs biffées, dont l'une porte une date, biffée aussi; on lit 14 mai 83; il est vraisemblable que Galois a écrit sa lettre à Chevalier sur la première feuille venue, une feuille sur laquelle il avait griffonné une quinzaine de jours auparavant.

Ces brouillons sont disposés d'une façon assez singulière : ils comportent des phrases entières, puis des lignes, blanches au milieu avec un mot au commencement et un mot à la fin : ces mots sont souvent illisibles, tant parce qu'il est impossible de leur attribuer un sens que par suite des ratures : celles-ci vont de haut en bas; il en est ainsi dans plusieurs des manuscrits de Galois; ici, elles semblent faites avec une barbe de plume, ou un bout de bois, qu'il aurait trempé dans l'encre; le premier brouillon de lettre est à gauche, le second à droite et se continue dans une autre direction; Galois a fait tourner son papier d'un angle droit. Voici ce que j'ai pu lire :

brisons là sur cette affaire je vous prie
Je n'ai pas assez d'esprit pour suivre
une conversation de ce genre
mais je tâcherai d'en avoir assez pour
converser avec vous comme je le faisais
avant que rien soit arrivé. Voilà
M^{r} le (*illis.*)
en a qui
doit vous qu'à
moi et ne plus penser à des choses
qui ne (*illis.*) exister et qui
n'existeront jamais

14 mai 83

J'ai suivi votre conseil et j'ai réfléchi
à qui s'est
passé sous quelque
dénomination que ce puisse (¹) être (*illis.*) par s'établir
entre nous. Au reste M^{r} soyez (?)
persuadé qu'il n'en aurait sans doute

(¹) La lecture des quatre premiers mots de cette ligne est douteuse.

jamais été davantage; vous supposez
mal et vos regrets sont mal fondés.
La vraie amitié n'existe guère
qu'entre des personnes de même sexe
Surtout des
amis. Sans doute
le *vide* qu l'absence
de tout sentiment de ce genre....
(*illis.*) confiance... mais elle a été
très (*illis.*) (1)..... vous m'avez
vu triste z demandé
le motif; je vous ai répondu que
j'avais des peines; qu'on m'avait fait
éprouver. J'ai pensé que vous prendriez
celà comme toute personne devant
laquelle on laisse tomber une parole
pour (*illis.*) on n'est
pas
le calme de mes idées me laisse
la liberté de juger avec beaucoup
de reflexion les personnes que je vois
habituellement; c'est ce qui fait que
j'ai rarement le regret de m'être
trompé ou laissé influencer à leur égard.
Je ne suis pas de votre avis pour
les (*illis.*) plus que
les (?) exiger
ni se vous remercie
sincèrement de tous *ceux* ou vous
voudrez bien descendre en ma
faveur.

J'ai collationné le manuscrit avec le texte imprimé : il n'est guère utile de parler de quelques changements de notation, sans aucune importance, qui remontent à Liouville, de dire que Galois a écrit *bulletin ferussac* et non Bulletin de Férussac, ou encore de signaler, page 29 des *Œuvres*, ligne 24, la substitution du mot « équation » au mot « réduction » que le sens indique suffisamment et qu'on lit dans le manuscrit et dans le texte de Liouville. Le point le plus intéressant est que le théorème de Legendre

(1) Il y a une tache d'encre sur le mot; on distingue nettement les deux dernières lettres *ée*.

(page 30, ligne 31),

$$FE' + EF' - FF' = \frac{\pi}{2},$$

est écrit par Galois non sous la forme qui précède, mais comme il suit :

$$E'F'' - E''F' = \frac{\pi}{2}\sqrt{-1}.$$

Mémoire sur les conditions de résolubilité par radicaux

(pages 33-50) ([1]).

Dans les quelques lignes d'introduction au Mémoire sur les conditions de résolubilité des équations par radicaux que Galois avait biffées (d'ailleurs très légèrement) et que Chevalier a conservées avec raison, Galois dit que le Mémoire est *extrait* d'un Ouvrage qu'il a présenté à l'Académie il y a *un an*. Le manuscrit de Galois n'est pas un *extrait*, c'est le texte même qui a été remis à l'Académie. Qu'il en soit ainsi, c'est ce que Chevalier avait signalé dans une note (page 33 des *Œuvres*, note 2) ainsi conçue :

J'ai jugé convenable de placer en tête de ce Mémoire la préface qu'on va lire, bien que je l'aie trouvée biffée dans le manuscrit. Ce manuscrit est précisément celui que l'auteur présenta à l'Académie.

La dernière phrase de cette note, qui figure dans la copie de Chevalier et sur l'épreuve dont j'ai parlé, a disparu du texte définitif. Liouville a-t-il voulu effacer la légère contradiction entre le texte et la note, a-t-il cru devoir se conformer au désir de Galois, qui semble avoir souhaité qu'on ignorât que ce Mémoire était celui-là même qu'il avait présenté à l'Académie; a-t-il jugé lui-même que, pour des raisons de convenance envers l'Académie,

---

([1]) J'ai eu à ma disposition le manuscrit de Galois, la copie de Chevalier et une épreuve, corrigée de la main de Liouville, mais où ne figurent pas toutes les modifications apportées aux notes; j'aurai l'occasion de parler plusieurs fois de cette épreuve.

cette ignorance était préférable? C'est là, en vérité, des questions dont la réponse importe bien peu, non plus que la petite inexactitude du mot *extrait*. Il importe beaucoup plus que le texte du Mémoire de Galois ne se soit pas égaré, comme le précédent, et qu'il ait pu être remis à l'auteur, qui y a fait plusieurs remaniements : ceux-ci, le plus souvent, peuvent se distinguer par l'écriture. La conjecture de Chevalier, à savoir que « Galois a relu son Mémoire pour le corriger avant d'aller sur le terrain » (note de la page 40), est tout à fait vraisemblable.

La première page de la couverture, qui subsiste, est fort sale, tachée d'encre, couverte de gribouillages, de bouts de calcul, à l'encre ou au crayon, au recto et au verso, dans tous les sens; quelques-unes des formules laissent supposer que Galois, en les traçant, pensait à quelque point de la théorie des fonctions elliptiques; d'autres se rapportent à une suite récurrente.

En haut et à droite du recto on lit (écriture de Liouville) « Rapport du 4 juillet 1831 »; puis, en titre, d'une écriture qu'il serait probablement possible d'identifier :

MM. Lacroix
Poisson
commissaires

le 17 j^er^ 1831

le tout suivi d'un paraphe; en face du nom de Poisson, il y a le mot *vu*, d'une grosse écriture, celle de Poisson sans doute.

Au verso, entre des taches et des calculs, Galois a écrit

Oh! chérubins.

On peut bien supposer que cette apostrophe s'adresse à MM. Lacroix et Poisson.

Le manuscrit contient onze pages (38 × 25); la marge occupe la moitié de chaque page; elle contient plusieurs notes et additions, dont les unes remontent peut-être à la première rédaction, dont les autres ont été sans doute ajoutées par Galois, lorsqu'il a revu son travail pour la dernière fois : telle est assurément celle qu'a signalée Chevalier, le tragique « je n'ai pas le tems ».

En marge de la seconde page, on trouve ces quatre noms :

V. Delaunay
N. Lebon
F. Gervais
A. Chevalier

et une liste de onze noms, soigneusement biffés.

Je dois, en passant, signaler, page 34 des *Œuvres,* l'omission de deux lignes, qui figurent dans le manuscrit et dans le texte de Liouville ; elles devraient terminer l'avant-dernier alinéa :

..., en général par quantité rationnelle une quantité qui s'exprime en fonction rationnelle des coefficients de la proposée.

Dans la marge de la troisième page du manuscrit, en face du lemme III (page 36), se trouve la note au crayon que voici :

La démonstration de ce lemme n'est pas suffisante ; mais il est vrai, d'après le n° 100 du Mémoire de Lagrange, Berlin, 1775.

Au-dessous, Galois a écrit :

Nous avons transcrit textuellement la démonstration que nous avons donnée de ce lemme dans un Mémoire présenté en 1830. Nous y joignons comme document historique la note suivante qu'a cru devoir y apposer M. Poisson.

On jugera.

Puis, plus bas :

Note de l'auteur.

Galois voulait évidemment que la note de Poisson (1) et son propre commentaire fussent publiés. Au surplus, les notes de Poisson et de Galois figurent dans la copie de Chevalier et dans l'épreuve. Liouville les a supprimées finalement, pour des raisons évidentes.

La note de la page 37 des *Œuvres* est en face du lemme IV et semble d'une encre différente de celle du texte ; mais il ne me paraît nullement certain que ce soit une addition de la dernière

(1) Grâce à l'obligeance de Mme de Blignières, j'ai pu comparer l'écriture de cette note avec celle de Poisson, dans une lettre à Liouville ; aucun doute ne peut subsister.

heure : je crois que Galois a dû, à cette dernière heure, remanier et développer hâtivement la démonstration de ce lemme IV ; elle ne comportait probablement, dans le texte primitif, que quatre ou cinq lignes ; elle est maintenant écrite, partie dans la marge, partie dans le blanc qui restait au bas de la page, d'une écriture serrée, nerveuse : au reste, un mot injurieux, biffé, et qui est de la même encre que le « chérubins » de la couverture ne laisse guère de doute sur l'impatience que ce passage a fait éprouver à l'auteur.

La note de la page 38 des *Œuvres* est en marge, en face de la proposition I. A la suite de cette note, avec l'indication « à reporter dans les définitions », se trouve ce qui est imprimé pages 35 et 36, à partir de la ligne 22 (Les substitutions sont...) jusqu'à la ligne 3 (la substitution ST); ce passage est en face du texte imprimé du milieu de la page 38 au milieu de la page 39.

En marge de la page suivante (cinquième) du manuscrit, le scholie II [1] (page 40) est immédiatement précédé de ces indications, qui sont biffées :

Ce qui caractérise un groupe. On peut partir d'une des permutations quelconques du groupe.

Vraisemblablement, c'est après avoir écrit et biffé ces lignes que Galois s'est décidé à écrire le passage « à reporter dans les définitions ». Un peu plus bas est la note «... je n'ai pas le tems », puis cinq lignes biffées, mais qui sont d'une écriture calme et remontent peut-être à la première rédaction, les voici :

Car si l'on élimine r entre $f(V, r) = 0$ et $Fr = 0$ $F(r)$ étant de degré premier p, il ne peut arriver que de deux choses l'une : ou le résultat de l'élimination sera de même degré en V que $f(V, r)$ ou il sera d'un degré p fois plus grand.

Ce passage biffé doit évidemment être rapproché des indications données dans le premier alinéa de la note de la page 40. Ces indications sont de Liouville ; la note de Chevalier était ainsi conçue :

Vis-à-vis la démonstration de ce théorème, dans le manuscrit j'ai trouvé ceci

« Il y a quelque chose... »

---

[1] Les numéros I, II des scholies (p. 39 et 40) ne sont pas dans le manuscrit.

C'est ainsi qu'elle figure dans l'épreuve. Les six premières lignes de la note de la page 40 sont donc de Liouville.

Au reste, Liouville a été visiblement préoccupé de cet endroit (proposition II) du texte de Galois : il a jugé un moment convenable de reprendre l'hypothèse primitive de Galois (p premier) et d'éclaircir complètement la démonstration dans ce cas, par une note que je crois devoir transcrire, non pas qu'elle puisse apprendre quelque chose au lecteur, mais parce qu'elle me semble une trace touchante des soins et des scrupules que Liouville apportait dans sa publication; le renvoi correspondrait à la ligne 20 de la page 40 des *Œuvres* :

Ceci mérite d'être expliqué avec quelque détail.

Désignons par $\psi(V) = 0$ l'équation dont l'auteur parle, et soient $f(V, r)$, $f_1(V, r)$, ..., $f_{i-1}(V, r)$ les facteurs irréductibles dans lesquels $\psi(V)$ devient décomposable par l'adjonction de r, en sorte que

$$\psi(V) = f(V, r) f_1(V, r) \ldots f_{i-1}(V, r).$$

Comme r est racine d'une équation irréductible, on pourra dans le second membre remplacer r par r', r'', ..., $r^{(p-1)}$. Ainsi $\psi(V)^p$ est le produit des i quantités suivantes

$$\begin{array}{ccc} f(V, r) & f(V, r') \ldots & f(V, r^{(p-1)}) \\ f_1(V, r) & f_1(V, r') \ldots & f_1(V, r^{(p-1)}) \\ f_{i-1}(V, r) & f_{i-1}(V, r') \ldots & f_{i-1}(V, r^{(p-1)}), \end{array}$$

dont chacune, symétrique en r, r', ..., $r^{(p-1)}$ et par suite exprimable en fonction rationnelle de V indépendamment de toute adjonction, doit diviser $\psi(V)^p$ et se réduire en conséquence à une simple puissance du polynome $\psi(V)$ qui cesse de se résoudre en facteurs lorsqu'on n'adjoint pas les auxiliaires r, r', etc. J'ajoute que le degré de la puissance est le même pour toutes. En effet, les équations $f(V, r) = 0$, $f_1(V, r) = 0$, ..., $f_{i-1}(V, r) = 0$ qui dérivent de $\psi(V) = 0$ et dont les racines sont fonctions rationnelles les unes des autres ne peuvent manquer d'être du même degré. En faisant donc

$$f(V, r) f(V, r') \ldots f(V, r^{(p-1)}) = \psi(V)^\mu,$$

on en conclura $p = i\mu$. Mais p est premier et $i > 1$; donc on a $i = p$, d'où $\mu = 1$, et enfin

$$\psi(V) = f(V, r) f(V, r') \ldots f(V, r^{(p-1)}).$$

Ce qu'il fallait démontrer.

(J. LIOUVILLE.)

Assurément, en rédigeant cette note, Liouville se conformait au précepte d'être « transcendantalement clair » qu'il a rappelé dans l'avertissement aux *Œuvres mathématiques* de Galois. Il s'est aperçu ensuite, en réfléchissant davantage, que la proposition II n'impliquait pas que le nombre p fût premier et il a soigneusement noté les différences essentielles entre les deux rédactions successives de l'auteur. Qu'il ait reculé devant les explications nécessaires pour donner à la pensée de Galois toute la clarté qu'il faudrait, cela, aujourd'hui, n'a aucun inconvénient.

Page 41 des *Œuvres,* les lettres μ, ν remplacent les lettres p, n dont s'est servi Galois; pareil changement a été fait dans la lettre à Chevalier; ces petites modifications, destinées à éviter des confusions possibles, sont de Liouville : les lettres p, n figurent encore dans l'épreuve.

Les lignes 7, 8, 9 de la même page sont une addition marginale, mais qui ne semble pas de la dernière heure. Cette addition est suivie de la nouvelle rédaction de la proposition III, datée de 1832, sur laquelle l'attention est appelée dans la note qui est au bas de la page qui nous occupe. Ici encore, Liouville est intervenu; la note de Chevalier était ainsi conçue :

Dans le manuscrit de Galois l'énoncé du théorème qu'on vient de lire se trouve en marge et vis-à-vis de la démonstration qu'il en avait écrite d'abord. Celle-ci est effacée avec soin; l'énoncé précédent porte la date 1832 et montre par la manière dont il est écrit que l'auteur était extrêmement pressé : ce qui confirme l'assertion que j'ai avancée dans la note précédente.

C'est donc Liouville qui a déchiffré et intercalé le texte primitif de la proposition III.

La phrase (il suffit ... substitutions), placée entre parenthèses au bas de la page 43 des *Œuvres* et en haut de la page 44, est une note marginale.

Page 46, ligne 24, Galois a simplement écrit « *Journal de l'École,* XVII ».

Il y a dans les manuscrits de Galois une feuille (double) qui est une sorte de brouillon de la proposition V; ce brouillon a passé en grande partie dans la rédaction du Mémoire (¹).

(¹) Je ne pense pas qu'il y ait intérêt à publier ce brouillon.

Avant de parler du manuscrit contenant le fragment imprimé dans les dernières pages des *Œuvres,* je dois dire un mot d'une feuille détachée ([1]) en partie déchirée, qui, par le format du papier, la couleur de l'encre et la forme de l'écriture, paraît avoir appartenu au cahier dont ce manuscrit faisait partie. Elle contient une rédaction antérieure de la proposition I et de sa démonstration, rédaction qui semble avoir été écrite au moment même où Galois venait de trouver cette démonstration : l'énoncé de la proposition fondamentale est, presque textuellement, le même que dans le Mémoire sur les conditions de résolubilité, puis viennent seize lignes barrées que je reproduis :

Considérons d'abord un cas particulier. Supposons que l'équation donnée n'ait aucun diviseur rationnel et que toutes ses racines se déduisent rationnellement de l'une quelconque d'entre elles. La proposition sera facile à démontrer.

En effet, dans notre hypothèse, toute fonction des racines s'exprimera en fonction d'une seule racine et sera de la forme φx, x étant une racine. Soient

$$x \qquad x_1 = f_1 x \qquad x_2 = f_2 x \qquad \ldots, \qquad x_{m-1} = f_{m-1} x$$

les m racines. Écrivons les m permutations

$$\begin{array}{lllll}
x & f_1 x & f_2 x & \ldots & f_{m-1} x \\
x_1 & f_1 x_1 & f_2 x_1 & \ldots & f_{m-1} x_1 \\
x_2 & f_1 x_2 & f_2 x_2 & \ldots & f_{m-1} x_2 \\
\ldots & \ldots & \ldots & \ldots & \ldots \\
x_{m-1} & f_1 x_{m-1} & f_2 x_{m-2} & \ldots & f_{m-1} x_{m-1}
\end{array}$$

Le reste de la démonstration suivait, contenu dans une douzaine de lignes qui sont devenues les lignes 13-26 de la page 39 des *Œuvres :* on distingue assez bien les x surchargés des V de la rédaction définitive; ces douze lignes sont d'ailleurs réunies en marge par un trait, avec l'indication : *à reporter plus loin.* Galois a changé d'idée; il trouve *maintenant* inutile de s'arrêter au cas particulier; mais il semble que ce cas particulier lui ait été d'abord

---

([1]) C'est M. P. Dupuy qui a appelé mon attention sur cette feuille. Quelques autres débris apportent un peu de lueur sur la suite des idées de Galois : ils seront publiés dans un second article.

nécessaire, car les douze lignes que je viens de dire sont suivies de celles-ci :

Le théorème est donc démontré dans l'hypothèse particulière que nous avons établie.

Revenons au cas général.

Ces trois lignes sont biffées avec un soin particulier, Galois est en possession de la démonstration générale, sous la forme simple et définitive; il est joyeux; il couvre de hachures les seize lignes puis les trois lignes dont il n'a plus besoin. Vient ensuite la vraie démonstration, les deux dernières lignes de la page 38 des *Œuvres* et le commencement de la page 39, jusqu'à : « je dis que ce groupe de permutations jouit de la propriété énoncée ». Puis l'indication, en marge, à demi déchirée : *mettre ici la partie sautée*, et les lignes 24, 25 de la page 39 des *Œuvres*.

Ne semble-t-il pas qu'on assiste à un moment essentiel dans le développement de la pensée de Galois? L'émotion s'accroît encore à la lecture des lignes du bas de la feuille, couvertes de ratures et de surcharges, et où le nom propre a disparu dans un trou, produit d'une tache et de l'usure :

Je dois observer que j'avais d'abord démontré le théorème autrement, sans penser à me servir de cette propriété très simple des équations, propriété que je regardais comme une conséquence du théorème. C'est la lecture d'un Mémoire   qui m'a suggéré

La fin de la ligne est indéchiffrable : après *suggéré,* il y a des mots, l'un au-dessus de l'autre, qui sont biffés, peut-être *cette* surmonté de *la pensée,* puis, dans la partie la plus usée du papier, *assertion* ou *analyse,* ou autre chose, et enfin, plus bas, je crois lire *que je dois.* Quant au nom propre, les quelques traits qui subsistent, à côté du trou, ne confirment pas la supposition qui vient de suite à l'esprit (page 37, ligne 11), que ce nom est celui d'Abel.

Sur la marge de cette curieuse feuille, se trouvent encore quelques formules, à demi effacées, qui correspondent visiblement aux lemmes II et III.

Des équations primitives qui sont solubles par radicaux [1]

(pages 51-61).

Le manuscrit du « Mémoire sur les conditions de résolubilité des équations par radicaux », après la petite introduction biffée par Galois et reproduite par Chevalier, porte l'indication « 1er Mémoire »; le fragment « Des équations primitives qui sont solubles par radicaux », écrit sur du papier plus petit (35×22), commence au milieu d'une page. La moitié supérieure de cette page contient vingt lignes de Galois, qui sont biffées et que je reproduis plus loin; dans la marge, en face de la dernière ligne, suivie d'un grand trait horizontal, se trouvent les mots « fin du Mémoire », écrits par Galois lui-même, si je ne me trompe; au-dessous du trait est le titre du fragment et, en face, les mots « Second Mémoire » : ce fragment ou second Mémoire commence par les mots :

Revenons maintenant à notre objet et

que Chevalier a supprimés. Voici le commencement de la page qui, je le répète, est biffé dans le manuscrit :

soient représentés par

$$\varphi_1 x, \quad \varphi_2(x), \quad \varphi_3(x) \quad \ldots\ldots \quad \varphi_{n-1}(x)$$

je dis que, P et p étant des nombres quelconques, on aura

$$(P-p)(P-\varphi_1 p)(P-\varphi_2 p)(P-\varphi_3 p)\ldots(P-\varphi_{n-1} p) \equiv F(P)$$
$$(\text{mod. } Fp).$$

Démonstration : Il suit de l'hypothèse que l'on pourra par des opérations entières et rationnelles déduire de l'équation

$$Fx = 0$$

celle-ci

$$(P-x)(P-\varphi_1 x)(P-\varphi_2 x)\ldots(P-\varphi_{n-1} x) = F(P)$$

quel que soit P.

---

[1] On a le manuscrit et la copie par Chevalier de ce fragment.

Or on a évidemment

$$Fp = 0 \qquad (\text{mod. } Fp).$$

Donc, en substituant les congruences aux égalités, on aura le théorème énoncé.

Corollaire : *Soit* $Fx = \dfrac{x^\nu - 1}{x - 1}$, *ν étant premier nous aurons* $\varphi_1 x = x^2$ $\varphi_2 x = x^3$ ..... *Donc on aura en général, si ν est un nombre premier,*

$$(P - p)(P - p^2)(P - p^3)\ldots.(P - p^{\nu-1}) = \frac{P^\nu - 1}{P - 1} \qquad \left(\text{mod. } \frac{p^\nu - 1}{p - 1}\right).$$

Si enfin l'on fait $P = p^\nu$ on aura le théorème suivant

$$(p^\nu - p)(p^\nu - p^2)(p^\nu - p^3)\ldots..(p^\nu - p^{\nu-1}) = 0 \qquad \left(\text{mod } \frac{p^\nu - 1}{p - 1}\right),$$

ν étant premier.

Quelques fragments, qui seront publiés ultérieurement, paraissent se rapporter au même ordre d'idées.

Le manuscrit du fragment sur *Les équations primitives*... contient dix pages. On n'a pas ici de raisons de penser que les additions qui sont en marge ne soient pas à peu près contemporaines de la rédaction; je les note cependant :

Page 53 des *Œuvres,* lignes 19 et 20 : « en remplaçant... indices ».

Page 57 : de la ligne 5 à la ligne 18.

Page 59, ligne 21, à partir de : « et de là... » et les lignes 22 et 23.

Voici maintenant les observations qui résultent de la comparaison du texte imprimé et des manuscrits de Galois et de Chevalier.

Liouville a imprimé les indices comme Galois les disposait, par exemple,

$$a_{\underset{1}{k}\cdot\underset{2}{k}}$$

pour désigner une lettre a dont les indices sont

$$\underset{1}{k} \quad \text{et} \quad \underset{2}{k};$$

dans les *Œuvres,* on a adopté la notation, plus conforme aux habitudes actuelles,

$$a_{k_1, k_2}.$$

Page 52 des *Œuvres,* ligne 4 : à la place de « en premier lieu » il y a 1° dans le manuscrit; la correction est de Liouville.

Page 53, ligne 9, on doit lire

$$a_{k_1, k_2, \ldots, k_\mu} \quad \text{et non} \quad a_{k_1, k_1, \ldots, k_\mu}.$$

Page 53, ligne 14, on doit lire

$$a_{\varphi(k_1), \psi(k_2), \chi(k_3), \ldots, \sigma(k_\mu)} \quad \text{et non} \quad a_{\varphi(k_1), \psi(k)_2, \chi(k_3), \ldots, \sigma(k_\mu)}.$$

Page 54, ligne 12, on doit lire

$$a_{mk_1+n, k_2} \quad \text{et non} \quad a_{mk_1+nk_2}.$$

Page 55, ligne 3, on a imprimé à tort

$$a_{m_1 k_1 + n_1 k + \alpha_1 m_2 k_1 + n_2 k_2 + \alpha_2};$$

d'après le texte de Galois, de Chevalier et de Liouville, il faudrait

$$a_{m_1 k_1 + n_1 k_2 + \alpha_1, m_2 k_1 + n_2 k_1 + \alpha_2};$$

si je ne me trompe, on doit lire

$$a_{m_1 k_1 + n_1 k_2 + \alpha_1, m_2 k_1 + n_2 k_2 + \alpha_2}$$

(*voir* page 56, ligne 25).

Page 57, ligne 3 : le mot « est » manque dans le texte de Galois.

Page 57, ligne 16 : Galois a écrit

$$< 2 \text{ et est par conséquent } 0 \text{ ou } 1$$

et non

$$< 2 \text{ et se trouve par conséquent être } 0 \text{ ou } 1.$$

Cette correction et la précédente sont de Chevalier.

Page 58, ligne 28; on a imprimé correctement

$$b_{m_1 k_1 + n_1 k_2, m_2 k_1 + n_2 k_2},$$

en corrigeant une faute commise par Chevalier et répétée par Liouville; Chevalier a écrit m_1 à la place de n_1; il y a d'ailleurs une surcharge dans le manuscrit de Galois, mais la lecture n'est pas douteuse.

Voici maintenant quelques observations concernant les pièces A, B, C, D, E que le lecteur trouvera plus loin.

A. Le fragment du *Discours préliminaire* est écrit sur les deux faces d'une même feuille : l'écriture est ferme, rapide, presque joyeuse ; les ratures abondent ; c'est un premier jet. Dans la marge, deux taches d'encre que Galois a sûrement faites en effaçant le mot Evariste, qu'il venait d'écrire sur un prénom féminin. Un monogramme formé des lettres E S, entrelacées d'une façon assez élégante, est répété deux fois. Au reste, Galois écrivait volontiers son prénom et son nom, sans doute en suivant quelque pensée : à la fin de la pièce E, j'ai compté une douzaine d'*Evariste* écrits dans tous les sens ; il y avait, en outre, *Eva, Evar*..., plusieurs *E*, trois *Galois*...

Le fragment a été copié par Chevalier ; outre la note qu'on lira plus loin, sa copie contient, en haut et à gauche, l'indication que voici et qu'il a biffée :

Discours préliminaire fait en 7bre 1830.

B. La pièce B, qui est d'ailleurs en deux morceaux, est le haut d'une feuille (double) qui, si l'on en juge par la largeur, est à peu près du même format que le papier sur lequel est écrite la lettre à Chevalier. Le bas est déchiré. Les mots *note de l'éditeur* sont de la main de Galois. La note se trouve sur un morceau détaché, qui contient une partie des trois dernières lignes du passage biffé que j'ai reproduit ; il se raccorde parfaitement avec la dernière page. Cette pièce ne porte pas de date ; je pense, d'après l'avis de M. Dupuy, qu'elle a été écrite à la prison de Sainte-Pélagie.

Il convient de rapprocher, des indications qu'elle fournit, celles-ci que je trouve sur une feuille déchirée :

1er Mémoire sur les conditions de résolubilité des équations par radicaux

(Janvier 1830)

2e Mémoire sur le même sujet

(Juin 1830)

Mémoire sur les Equations modulaires des fonctions elliptiques

(Février 1832)

Mémoire sur les fonctions de la forme $\int X\,dx$, X étant une fonction quelconque algébrique

(Septembre 1831).

Sur la même feuille, de l'autre côté, se trouvent les phrases suivantes :

C'est aujourd'hui une vérité vulgaire que les équations générales de degré supérieur au 4e ne peuvent se résoudre par radicaux, c'est-à-dire que leurs racines ne peuvent s'exprimer par des fonctions des coefficients qui ne contiendraient pas d'autres irrationnelles que des radicaux.

Cette vérité est devenue vulgaire, en quelque sorte par ouï-dire et quoique la plupart des géomètres en ignorent les démonstrations présentées par Ruffini, Abel, etc., démonstration fondée sur ce qu'une telle solution est déjà impossible au cinquième degré.

Il paraît, au premier abord, que là se termine la
de la résolution par radicaux.

Ce qui suivait a été déchiré.

Le reste de cette feuille contient des calculs, en partie numériques, d'autres qui se rapportent à l'équation modulaire pour $n = 3$, à des essais de développements en fraction continue, etc.

C. La pièce C existe en entier, en double, de la main de Galois et de celle de Chevalier. Après l'avoir lue et relue, je me suis décidé à n'en publier qu'un extrait, la fin, un peu moins de la moitié; c'est que je suis arrivé à cette conviction qu'en écrivant les premières pages, Galois n'était pas en possession de lui-même : le malheureux enfant était en prison, il avait la fièvre, ou il était encore sous l'influence des boissons que ses compagnons de captivité le forçaient parfois d'avaler. Dans ces pages, sans intérêt scientifique, la continuelle ironie fatigue par sa tristesse; les injures à Poisson, aux examinateurs de l'École polytechnique, à tout l'Institut sont directes et atroces; certaines allusions sont obscures et veulent être perfides; les plaisanteries, assez lourdes, se prolongent d'une façon fastidieuse et maladive; il y a tel passage où l'écriture est si désordonnée, si surchargée, que Chevalier lui-même n'a pu, à ce qu'il semble, le lire complètement; telles notes qu'il n'a pas voulu reproduire dans sa copie. On est moins devant la souffrance morale que devant la souffrance physique qui la double; je crois que la curiosité qui s'adresse au génie n'exclut pas toute pudeur, et je n'ai pas voulu imposer au lecteur la vue de cette douleur exaspérée : celui-ci connaît, par le travail de M. Dupuy, la vie, l'exaltation, les tortures de Galois, et ne s'étonnera pas qu'il se soit plaint. Vers le milieu de la préface, la pensée se calme ; c'est de mathématiques qu'il s'agit ; la sérénité revient.

D. E. F. Bien que les trois morceaux ne se relient que d'une façon assez lâche au sujet traité dans ce qui précède, je les publie ici.

Les fragments D, E sont écrits sur une seule feuille ($31,5 \times 20$), du même format, à peu près, que la lettre à Chevalier : dans la copie qu'a faite ce dernier, ils se suivent, séparés par plusieurs lignes de points. Ils devaient évidemment faire partie d'un même ensemble et Chevalier a mis au commencement la note suivante :

Je place ici quelques notes recueillies dans les papiers de Galois. Elles sont relatives à une série d'articles, sur les progrès de l'analyse pure, qu'il voulait publier dans un journal scientifique.

(A. Ch.)

Dans le manuscrit de Galois, la pièce D occupe une grande page ; puis, la feuille étant pliée, la pièce E tient une (petite) page et demie. Le manuscrit est plein de ratures, de surcharges, de dessins à la plume, de taches d'encre ; quelques passages, comme on s'en assurera à la lecture, auraient besoin d'être retouchés ou complétés ; la difficulté même de la lecture m'a amené à dater approximativement le manuscrit ; en l'examinant à la loupe, j'ai aperçu quelques mots écrits à l'envers, et en le retournant j'ai pu distinguer ces mots, dont la disposition semble indiquer que Galois n'avait pas de goût pour le calcul mental :

jeudi 29 mars
dimanche 1
lundi 2 avril
mardi 3
jeudi
vendredi.

Le premier avril de l'année 1832 étant un dimanche, le doute n'est pas possible, puisque Galois est mort le 30 mai 1832.

Le fragment F se trouve en tête d'une feuille couverte de calculs et de dessins à la plume ; par la pensée, il se rattache aux pièces D, E.

G. Enfin le bizarre fragment G se trouve sur une feuille déchirée ; aucun indice ne me permet de lui donner une date approximative.

J. Tannery.

PAPIERS INÉDITS

DE

ÉVARISTE GALOIS.

A

DISCOURS PRÉLIMINAIRE (¹).

Le mémoire qui suit a été adressé il y a environ sept mois à l'Académie des sciences de Paris, et égaré par les commissaires qui devaient l'examiner. Cet ouvrage n'a donc, pour se faire lire, acquis aucune autorité et cette raison n'était pas la dernière qui retenait l'auteur dans sa publication. S'il s'y décide, c'est par crainte que des géomètres plus habiles, en s'emparant du même champ, ne lui fassent perdre les fruits d'un long travail.

Le but que l'on s'est proposé est de déterminer des caractères pour la résolubilité des équations par radicaux. Nous pouvons affirmer qu'il n'existe pas dans l'analyse pure de matière plus obscure et peut-être plus isolée de tout le reste. La nouveauté de cette matière a exigé l'emploi de nouvelles dénominations, de nouveaux caractères. Nous ne doutons pas que cet inconvénient ne rebûte des les premiers pas le lecteur qui pardonne à peine aux auteurs qui ont tout son credit, de lui parler un nouveau langage. Mais enfin, force nous a été de nous conformer à la nécessité du sujet dont l'importance mérite sans doute quelque attention.

(¹) Ce qui suit est un fragment du discours préliminaire destiné par Galois à être placé en tête du Mémoire sur la théorie des équations qu'il avait résolu de publier. Ce projet formé en septembre 1830 n'a pas [eu] de suite; des obstacles de tout genre s'y sont opposés.

(*Note d'Auguste Chevalier.*)

Étant donnée une équation algebrique, à coefficients quelconques, numeriques ou litteraux, reconnaître si ses racines peuvent s'exprimer en radicaux, telle est la question dont nous offrons une solution complète.

Si maintenant vous me donnez une équation que vous aurez choisie à votre gré et que vous desiriez connaitre si elle est ou non soluble par radicaux, je n'aurai rien à y faire que de vous indiquer le moyen de répondre à votre question, sans vouloir charger ni moi ni personne de le faire. En un mot les calculs sont impraticables.

Il paraitrait d'après celà qu'il n'y a aucun fruit à tirer de la solution que nous proposons.

En effet, il en serait ainsi si la question se présentait ordinairement sous ce point de vue. Mais, la plupart du tems, dans les applications de l'analyse algébrique, ont est conduit à des équations dont on connait d'avance toutes les propriétés : propriétés au moyen desquelles il sera toujours aisé de répondre à la question par les règles que nous exposerons. Il existe, en effet, pour ces sortes d'équations, un certain ordre de considérations Métaphysiques qui planent sur tous les calculs, et qui souvent les rendent inutiles. Je citerai, par exemple, les équations qui donnent la division des fonctions Elliptiques et que le célèbre Abel a résolues. Ce n'est certainement pas d'après leur forme numérique que ce géomètre y est parvenu. Tout ce qui fait la beauté et à la fois la difficulté de cette théorie, c'est qu'on a sans cesse à indiquer la marche des calculs et à prévoir les résultats sans jamais pouvoir les effectuer. Je citerai encore les équations modulaires.

B

[Première page.]

DEUX MÉMOIRES D'ANALYSE PURE SUIVIS D'UNE DISSERTATION SUR LA CLASSIFICATION DES PROBLÈMES PAR ÉVARISTE GALOIS.

[Deuxième page.]

Table des matières.

Mémoire sur les conditions pour qu'une équation soit soluble par radicaux.

Mémoire sur les fonctions de la forme $\int X\,dx$, X étant une fonction de x.

Dissertation sur la classification des problèmes de Mathématiques et sur la nature des quantités et des fonctions transcendantes.

[Troisième page (1).]

Ampère
Cauchy
Gauss
Hachette
Jacobi
Lacroix
Legendre
Poinsot
Poisson
Sturm
Vernier
Richard
Bulletin des Sciences
École normale
École Polytechnique
Institut.

(1) Cette liste se trouve à droite; à gauche est une autre liste de noms, à peu près les mêmes : tous ces noms sont biffés, sauf ceux de Sturm, de Richard et un

[Quatrième page.]

Abel paraît être l'auteur qui s'est le plus occupé de cette théorie. On sait qu'après avoir cru trouver la résolution des équations (générales) du cinquième degré ([1]), ce géomètre a démontré l'impossibilité de cette résolution. Mais, dans le mémoire allemand publié à cet effet, l'impossibilité en question n'est prouvée que par des raisonnements relatifs au degré des équations auxiliaires et à l'époque de cette publication, il est certain qu'Abel ignorait les circonstances particulières de la résolution par radicaux. Je n'ai donc parlé de ce mémoire qu'afin de déclarer qu'il n'a aucun rapport avec ma théorie.

[*Passage biffé* : Depuis, une lettre particulière adressée par Abel à M. Legendre annonçait qu'il avait eu le bonheur de découvrir une règle pour reconnaître si une équation est [ou était] résoluble par radicaux; mais la mort anticipée de ce géomètre ayant privé la science de ses recherches, promises dans cette lettre, il n'en était pas moins nécessaire de donner une solution de ce problème qu'il m'est bien pénible de posséder, puisque je dois cette possession à une des plus grandes pertes qu'aura (?) faites la science.

Dans tous les cas, il me serait aisé de prouver que j'ignorais même le nom d'Abel, quand j'ai présenté à l'Institut mes premières recherches sur la théorie des équations et que la solution d'Abel n'aurait pu paraître avant la mienne.]

---

autre que je n'ai pu déchiffrer. Parmi les noms de cette première liste, qui ne figurent pas dans la seconde, je distingue ceux de :

Blanchet, Leroy, Poullet de l'Isle, Francœur.

([1]) Même erreur est arrivée en 1828 à l'auteur (il avait seize ans). Ce n'est pas la seule analogie frappante entre le géomètre norvégien mort de faim, et le géomètre français condamné à vivre ou à mourir, comme on voudra, sous les verrous d'une prison.

(*Note de l'éditeur.*)

C

Deux Mémoires d'Analyse pure par E. Galois

Préface.

Cecy est un livre de bonne foy.
Montaigne.

. . . .
. . . .

Les calculs algébriques ont d'abord été peu nécessaires au progrès des Mathématiques, les théorèmes fort simples gagnaient à peine à être traduits dans la langue de l'analyse. Ce n'est guère que depuis Euler que cette langue plus brève est devenue indispensable à la nouvelle extension que ce grand géomètre a donnée à la Science. Depuis Euler les calculs sont devenus de plus en plus nécessaires et aussi ([1]) de plus en plus difficiles à mesure qu'ils s'appliquaient à des objets de science plus avancés. Dès le commencement de ce siècle, l'algorithme avait atteint un degré de complication tel que tout progrès était devenu impossible par ce moyen, sans l'élégance que les géomètres modernes ont dû imprimer à leurs recherches et au moyen de laquelle l'esprit saisit promptement et d'un seul coup un grand nombre d'opérations.

Il est évident que l'élégance si vantée et à si juste titre n'a pas d'autre but.

Du fait bien constaté que les efforts des géomètres les plus avancés ont pour objet l'élégance on peut donc conclure avec certitude qu'il devient de plus en plus nécessaire d'embrasser plusieurs opérations à la fois, parce que l'esprit n'a plus le tems de s'arrêter aux détails.

Or je crois que les simplifications produites par l'élégance des calculs (simplifications intellectuelles, s'entend; de matérielles il n'y en a pas) ont leur limite; je crois que le moment arrivera où

([1]) Je suis le texte de Chevalier; il y a dans le manuscrit de Galois un mot illisible.

les transformations algébriques prévues par les spéculations des analystes ne trouveront plus ni le tems ni la place de se reproduire ; à tel point qu'il faudra se contenter de les avoir prévues ; je ne veux pas dire qu'il n'y a plus rien de nouveau pour l'analyse sans ce secours : mais je crois qu'un jour sans cela tout serait épuisé.

Sauter à pieds joints sur les calculs ; grouper les opérations, les classer suivant leurs difficultés et non suivant leurs formes ; telle est, suivant moi, la mission des géomètres futurs ; telle est la voie où je suis entré dans cet ouvrage.

Il ne faut pas confondre l'opinion que j'emets ici, avec l'affectation que certaines personnes ont d'éviter en apparence toute espèce de calcul, en traduisant par des phrases fort longues ce qui s'exprime très brièvement par l'algèbre, et ajoutant ainsi à la longueur des opérations, les longueurs d'un langage qui n'est pas fait pour les exprimer. Ces personnes sont en arrière de cent ans.

Ici rien de semblable (1) ; ici l'on fait l'analyse de l'analyse : ici les calculs les plus élevés [les fonctions elliptiques (2)] exécutés jusqu'à présent sont considérés comme des cas particuliers, qu'il a été utile, indispensable de traiter, mais qu'il serait funeste de ne pas abandonner pour des recherches plus larges. Il sera tems d'effectuer des calculs prévus par cette haute analyse et classés suivant leurs difficultés, mais non spécifiés dans leur forme, quand la spécialité d'une question les réclamera.

La thése générale que j'avance ne pourra être bien comprise

---

(1) Chevalier, dans sa copie, a supprimé cette phrase : « Ici rien de semblable » et a placé cet alinéa avant le précédent. C'est ainsi qu'il est, en effet, placé dans le texte de Galois ; mais, d'une part, les mots « Ici rien de semblable » ne sont nullement biffés dans le manuscrit ; ils ont, au contraire, été ajoutés en interligne ; d'autre part, ils sont précédés d'un astérisque suivi d'un trait (assez peu distinct) dont l'extrémité indique sans doute la place où l'alinéa doit être placé ; à cette place, les mots supprimés par Chevalier ont un sens très clair ; ils n'en ont pas quand on laisse le second alinéa avant le premier : c'est évidemment la raison pour laquelle Chevalier les a supprimés.

(2) On sait assez que le second Mémoire est perdu : toutefois, il subsiste un morceau (non daté) où Galois traite de la division de l'argument dans les fonctions elliptiques et dont le contenu correspond assez bien à l'indication du texte ; on peut donc supposer que ce morceau pouvait rentrer dans l'ensemble que Galois voulait publier. Il sera publié dans un second article.

que quand on lira attentivement mon ouvrage qui en est une application, non que le point de vue théorique ait précédé l'application; mais je me suis demandé, mon livre terminé, ce qui le rendait si étrange à la plupart des lecteurs, et rentrant en moi-même, j'ai cru observer cette tendance de mon esprit à éviter les calculs dans les sujets que je traitais, et qui plus est; j'ai reconnu une difficulté insurmontable à qui voudrait les effectuer généralement dans les matières que j'ai traitées.

On doit prévoir que, traitant des sujets aussi nouveaux, hasardé dans une voie aussi insolite, bien souvent des difficultés se sont présentées que je n'ai pu vaincre. Aussi, dans ces deux mémoires et surtout dans le second qui est le plus récent, trouvera-t-on souvent la formule « je ne sais pas ». La classe des lecteurs dont j'ai parlé au commencement (1), ne manquera pas d'y trouver à rire. C'est que, malheureusement, on ne se doute pas que le livre le plus précieux du plus savant serait celui où il dirait tout ce qu'il ne sait pas, c'est qu'on ne se doute pas qu'un auteur ne nuit (2) jamais tant à ses lecteurs que quand il dissimule une difficulté. Quand la concurrence c'est-à-dire l'égoïsme ne règnera plus dans les sciences, quand on s'associera pour étudier, au lieu d'envoyer aux académies des paquets cachetés, on s'empressera de publier les moindres observations, pour peu qu'elles soient nouvelles, et en ajoutant « je ne sais pas le reste ».

De Ste Pélagie Xbre 1831

Evariste Galois.

---

(1) Voici la phrase à laquelle Galois fait allusion :

« Tout ce qui précède, je l'ai dit pour prouver que c'est sciemment que je m'expose à la risée des sots. »

(2) Texte de Chevalier; on ne distingue que la lettre *n*; le reste du mot est un trou.

D

Sciences mathématiques

Discussions sur les progrès de l'analyse pure

De toutes les connaissances humaines, on sait que l'Analyse pure est la plus immatérielle, la plus éminemment logique, la seule qui n'emprunte rien aux manifestations des sens. Beaucoup en concluent qu'elle est, dans son ensemble, la plus méthodique et la mieux coordonnée. Mais c'est erreur. Prenez un livre d'Algèbre, soit didactique, soit d'invention, et vous n'y verrez qu'un amas confus de propositions dont la régularité contraste bizarrement avec le désordre du tout. Il semble que les idées coûtent déjà trop à l'auteur pour qu'il se donne la peine de les lier et que son esprit épuisé par les conceptions qui sont la base de son ouvrage, ne puisse enfanter une même pensée qui préside à leur ensemble.

Que si vous rencontrez une méthode, une liaison, une coordination, tout cela est faux et artificiel. Ce sont des divisions sans fondement, des rapprochements arbitraires, un arrangement tout de convention. Ce défaut pire que l'absence de toute méthode arrive surtout dans les ouvrages didactiques, la plupart composés par des hommes qui n'ont pas l'intelligence de la science qu'ils professent.

Tout celà étonnera fort les gens du monde, qui en général ont pris le mot Mathématique pour synonyme de régulier.

Toutefois, on sera étonné si l'on réfléchit qu'ici comme ailleurs la science est l'œuvre de l'esprit humain [1], qui est plutôt destiné à étudier qu'à connaître, à chercher qu'à trouver la vérité. En effet on conçoit qu'un esprit qui aurait puissance pour percevoir d'un seul coup l'ensemble des vérités mathématiques non pas à nous connues, mais toutes les vérités possibles, pourrait les [2] déduire régulièrement et comme machinalement de quelques

---

[1] Mot peu lisible, omis par Chevalier.
[2] Un mot illisible, je suis le texte de Chevalier.

principes combinés par des méthodes uniformes; alors plus d'obstacles, plus de ces difficultés que le savant [rencontre dans ses explorations ([1])]. Mais il n'en est pas ainsi; si ([2]) la tâche du savant est plus pénible et partant plus belle, la marche de la science est moins régulière [:] la science progresse par une série de combinaisons où le hazard ne joue pas le moindre rôle; sa vie est brute et ressemble à celle des minéraux qui croissent par juxtà position. Celà s'applique non seulement à la science telle qu'elle résulte des travaux d'une série de savants, mais aussi aux recherches particulières à chacun d'eux. En vain les analystes voudraient-ils se le dissimuler ([3]) : ils ne déduisent pas, ils combinent, ils comparent ([4]); quand ils arrivent à la vérité, c'est en heurtant de côté et d'autre qu'il y sont tombés.

Les ouvrages didactiques doivent partager avec les ouvrages d'invention ce défaut d'une marche sûre toutes les fois que le sujet qu'ils traitent ([5]) n'est pas autrement soumis à nos lumières. Ils ne pourraient donc prendre une forme vraiment méthodique que sur un bien petit nombre de matières. Pour la leur donner, il faudrait une profonde intelligence de l'analyse et l'inutilité de l'entreprise dégoûte ceux qui pourraient en supporter la difficulté.

([1]) C'est le texte de Chevalier. Le passage est illisible; je ne puis lire « rencontre »; après explorations » qui est douteux, il y a les mots, douteux aussi : « et qui souvent sont imaginaires » et ceux-ci, bien nets : « Mais aussi plus de rôle au savant ». Chevalier a supprimé ce qui ne s'accordait pas avec son texte.

([2]) Chevalier a écrit : « et la... ».

([3]) Je suis le texte de Chevalier; il y a ici, en interligne, une phrase dont le copiste n'a pas tenu compte, malgré son intérêt; malheureusement, elle est en partie illisible : j'y distingue à peu près ce qui suit :

« toute immatérielle qu'elle [*illis.*] l'analyse n'est pas plus en notre pouvoir que d'autre [*illis.*]. »

([4]) Autre addition, en interligne, supprimée par Chevalier : « il faut l'épier, la sonder, la solliciter [la vérité] ».

([5]) Dans le manuscrit : « qu'il traite ».

Il serait en dehors de la gravité de cet écrit d'entrer dans une pareille lutte avec des sentiments personnels d'indulgence ou d'animosité à l'égard des savants. L'auteur des articles évitera également ces deux écueils. Si un passé pénible le garantit du premier, un amour profond de la science, qui la lui fait respecter dans ceux qui la cultivent, assurera contre le second son impartialité.

Il est pénible dans les sciences de se borner au rôle de critique : nous ne le ferons que contraint et forcé. Quand nos forces nous le permettront, après avoir blamé, nous indiquerons ce qui à nos yeux sera mieux. Nous aurons souvent ainsi l'occasion d'appeler l'attention du lecteur sur les idées nouvelles qui nous ont conduit dans l'étude de l'analyse. Nous nous permettrons donc de l'occuper de ces idées, dans nos premiers articles, afin de n'avoir point à y revenir.

Dans des sujets moins abstraits, dans les objets d'art, il y aurait un profond ridicule à faire précéder un ouvrage de critique par ses propres œuvres : ce serait avouer par trop naïvement ce qui est presque toujours vrai au fond, que l'on se prend pour le type auquel on rapporte les objets pour les juger : mais ici, il ne s'agit pas d'exécution, il s'agit des idées les plus abstraites qu'il soit donné à l'homme de concevoir ; ici critique et discussion deviennent synonymes, et discuter, c'est mettre aux prises ses idées avec celles des autres.

Nous exposerons donc, dans quelques articles, ce qu'il y a de plus général, de plus philosophique, dans des recherches que mille circonstances ont empêché de publier plus tôt. Nous les présenterons seules, sans complications d'exemples et de hors-d'œuvre, qui chez les analystes noyent d'ordinaire les conceptions générales. Nous les exposerons surtout avec bonne foi, indiquant sans détour la voie qui nous y a conduit, et les obstacles qui nous ont arrêté. Car nous voulons que le lecteur soit aussi instruit que nous des matières que nous aurons traitées. Quand ce but aura été rempli, nous aurons conscience d'avoir bien fait, sinon par le profit qu'en retirera directement la science, du moins par l'exemple donné, d'une bonne foi qu'on n'a pas trouvé jusqu'à ce jour.

F

Ici comme dans toutes les sciences chaque époque a en quelque sorte ses questions du moment : il y a des questions vivantes qui fixent à la fois les esprits les plus éclairés comme malgré eux et sans que [*illis.*] ait présidé à ce concours. Il semble souvent que les mêmes idées apparaissent à plusieurs comme une révélation. Si l'on en cherche la cause il est aisé de la trouver dans les ouvrages de ceux qui nous ont précédés où ces idées sont présentes à l'insu de leurs auteurs.

La science n'a pas tiré, jusqu'à ce jour, grand parti de cette coïncidence observée si souvent dans les recherches des savants. Une concurrence fâcheuse, une rivalité dégradante en ont été les principaux fruits. Il n'est pourtant pas difficile de reconnaître dans ce fait la preuve que les savants ne sont pas plus que d'autres faits pour l'isolement, qu'eux aussi appartiennent à leur époque et que tôt ou tard ils décupleront leurs forces par l'association. Alors que de temps épargné pour la science !

Beaucoup de questions d'un genre nouveau occupent maintenant les analystes. C'est à découvrir [un lien entre ces questions que nous (¹)] attacherons

---

(¹) Passage biffé.

G

Tout voir, tout entendre, ne perdre aucune idée.
29 7bre 1831

Sciences.
Hiérarchie. Écoles

La hiérarchie est un moyen même pour l'inférieur.

Quiconque n'est pas envieux ou a de l'ambition a besoin d'une hiérarchie factice pour vaincre l'envie ou les obstacles.

Jusqu'à ce qu'un homme ait dit : la science c'est moi, il doit avoir un nom à opposer à ceux qu'il combat. Si non, son ambition passera pour de l'envie.

Avant d'être roi il faut être aristocrate. Machiavel.

L'intrigue est un jeu. Si l'on mérite ce qu'on brigue, on y gagne tout. Si non, on perd la partie.

On combat les professeurs par l'institut, l'institut par le passé, un passé par un autre passé.

Voici la [*illis.*] de Victor Hugo. Renaissance, moyen âge, enfin, moi.

C'est à ce besoin de combattre un homme par un autre homme, un siècle par un autre siècle, qu'on doit attribuer les réactions littéraires ou scientifiques, qui ne sont pas de longue durée, Aristote, Ptolémée, Descartes, Laplace.

[*Une ligne illisible.*]

Ce jeu use celui qui s'en sert. Un homme qui n'est pas dévoué se fait éclectique.

Un homme qui a une idée peut choisir entre, avoir, sa vie durant, une réputation colossale d'homme savant, ou bien se faire une école, se taire et laisser un grand nom dans l'avenir. Le premier cas a lieu s'il pratique son idée sans l'émettre, le second s'il la publie. Il y a un troisième moyen juste milieu entre les deux autres. C'est de publier et de pratiquer, alors on est ridicule.

ÉCRITS MATHÉMATIQUES INÉDITS.

En dehors des quelques fragments que l'on trouvera plus loin, les écrits mathématiques de Galois que Liouville n'a pas publiés contiennent une cinquantaine de feuilles détachées (1) pleines de calculs qui, pour la plupart, concernent la théorie des fonctions elliptiques et remontent sans doute à un moment où Galois étudiait les Mémoires de Jacobi (2), quatre pages sur les équations aux

(1) Trois de ces feuilles comportent du texte; une se rapporte à la théorie de la transformation, une autre au théorème d'addition pour la fonction sin am, déduit de la formule fondamentale de trigonométrie sphérique, la troisième au théorème d'addition pour la fonction $\Pi(u, a)$.

(2) Les papiers que m'a remis Mme de Blignières contiennent un brouillon, couvert de ratures et de corrections, qui est de la main de Liouville, et qui porte en tête : Lettre d'Alfred Galois à M. Jacobi, 17 novembre 1847. Voici cette lettre :

Monsieur,

J'ai l'honneur de vous envoyer, en vous priant d'en agréer l'hommage, un exemplaire de la première Partie des Œuvres mathématiques de mon frère.

Il y a près d'un an qu'elle a paru dans le Journal de M. Liouville, et, si je ne vous l'ai pas adressée plus tôt, c'est que, sans cesse, j'espérais pouvoir vous faire remettre d'un jour à l'autre l'Ouvrage complet, dont la publication s'est trouvée retardée par diverses circonstances. Au reste, cette première Partie renferme ce que mon pauvre Évariste a laissé de plus important et nous n'avons guère à y ajouter que quelques fragments arrachés au désordre de ses papiers. Ainsi on n'a rien retrouvé concernant la théorie des fonctions elliptiques et abéliennes ; on voit seulement qu'il s'était livré la plume à la main à une étude approfondie de vos Ouvrages. Quant à la théorie des équations, M. Liouville et d'autres géomètres que j'ai consultés affirment que son Mémoire, si durement repoussé par M. Poisson, contient les bases d'une doctrine très féconde et une première application importante de cette doctrine. « Ce travail, me disent-ils, assure pour toujours une place à votre frère dans l'histoire des Mathématiques. » Malheureusement étranger à ces matières, j'écoute avec plaisir de telles paroles : si votre précieux suffrage, qu'Évariste aurait ambitionné par-dessus tout, venait les confirmer, ce serait pour ma mère et pour moi une bien grande consolation ; il deviendrait pour notre Évariste un gage d'immortalité, et je croirais que mon frère n'est pas entré tout entier dans la tombe. Etc., etc.

dérivées partielles du premier ordre, quelques calculs, avec un commencement de rédaction, sur les intégrales eulériennes [1], huit lignes, dont plusieurs mots sont déchirés, qui paraissent se rapporter au groupe alterné et n'avoir pas grand intérêt, un cahier dont la plupart des pages sont blanches et dont je dirai tout à l'heure deux mots, enfin une vingtaine de lignes sur le théorème d'Abel.

---

[1] En posant

$$[m, n] = \int_0^1 (1-x)^{m-1} x^{n-1}\, dx,$$

Galois part de la relation

$$[m+1, n] = \frac{m}{m+n}[m, n];$$

il en déduit, en désignant par p un nombre entier positif quelconque,

$$[m, n] = \frac{[p, m]}{[p, m+n]}[m+p, n],$$

puis

$$[m, n] = \lim_{p=\infty} \frac{[p, m] \times [p, n]}{[p, m+n]};$$

en remplaçant $[p, n]$ par $\frac{1}{p^n}\int_0^p \left(1-\frac{x}{p}\right)^{p-1} x^{n-1}\,dx$, et en passant à la limite, il obtient

$$[m, n] = \frac{\Gamma m\, \Gamma n}{\Gamma(m+n)}.$$

Il établit ensuite la relation

$$\int_0^1 \frac{x^{n-1}-1}{x-1}\,dx = \varphi(n) - \varphi(1),$$

où

$$\varphi(n) = \frac{d \log \Gamma(n)}{dn},$$

en partant de ce que l'on a, pour $m = 1$,

$$\frac{d \log [m, n]}{dm} = \frac{\int_0^1 \log(1-x)\, x^{n-1}\,dx}{\int_0^1 x^{n-1}\,dx} = \int_0^1 \log(1-x)\, n x^{n-1}\,dx,$$

d'où, en intégrant le dernier membre par parties,

$$\varphi(1) - \varphi(n+1) = -\int_0^1 \frac{x^n - 1}{x-1}\,dx.$$

Ces vingt lignes peuvent être regardées comme un résumé de la célèbre « Démonstration d'une propriété générale d'une certaine classe de fonctions transcendantes » ([1]), qui est datée de 1829; elles occupent les deux tiers de la première page d'une feuille double de même format (30×15) que la lettre à Chevalier. On lit en haut de la page :

Théorie des fonctions de la forme $\int X\,dx$, X étant une fonction algébrique de x.

Les mots « fonctions de la... », jusqu'à la fin, sont biffés et Galois a écrit au-dessus

intégrales dont les différentielles est algébrique.

Le premier titre est presque identique à ceux qui ont été signalés précédemment (p. 17 et p. 23), dont l'un porte la mention « septembre 1831 ». L'énoncé du théorème d'Abel (qui n'est pas nommé) est précédé des mots « Lemme fondamental ». Après la démonstration on lit

Remarque. Dans le cas où

Le reste de la page, les deux pages qui suivent sont en blanc ([2]). Ces quelques lignes sont-elles tout ce qui reste du *troisième Mémoire qui concerne les intégrales,* que Galois résume dans la lettre à Chevalier? Ce troisième Mémoire a-t-il été rédigé? Je rappelle quelques termes de la lettre

On pourra faire avec tout cela trois Mémoires.
Le premier est écrit, et... je le maintiens...
... tout ce que j'ai écrit là est depuis bientôt un an dans ma tête.

([1]) *Œuvres d'Abel,* édition Sylow, t. I, p. 515.

([2]) La feuille a été pliée; sur la moitié de la quatrième page, on trouve quelques calculs relatifs à l'intégrale

$$\int \frac{dx}{\sqrt{x(x^2-2\alpha x+\gamma^2)(x^2-2\beta x+\gamma^2)}},$$

où Galois fait la substitution

$$x+\frac{\gamma^2}{x}=2z.$$

Le premier est écrit semble indiquer que les autres ne sont pas rédigés. *On pourra faire avec tout cela trois Mémoires* porte à penser que Galois laissait des notes, dont on ne peut plus espérer aujourd'hui qu'elles soient retrouvées. Une seule chose est certaine, c'est que, la veille de sa mort, *il avait tout cela dans sa tête.*

Le cahier est du format 20×15 ; on lit sur la couverture : Notes de mathématiques, quatorze pages, seulement, sont utilisées. On trouve dans ce cahier et, parfois, sur la même page, deux sortes d'écriture : pour l'une, il n'y a pas de doute, c'est bien celle de Galois, avec son allure habituelle. L'autre, beaucoup moins lisible, est droite. Je me suis demandé si Galois ne s'était pas amusé à déformer son écriture ; mais M. Paul Dupuy, après un examen attentif des deux écritures, a constaté qu'elles révélaient des habitudes très différentes : elles ne sont pas de la même personne.

Au reste, ce cahier, par son contenu, n'offre qu'un intérêt médiocre. Les pages qui sont de Galois contiennent quelques remarques sur les asymptotes des courbes algébriques et un court essai sur les principes de l'Analyse, dont je citerai quelques lignes ; elles caractérisent un état d'esprit qui résultait sans doute de l'enseignement que Galois avait reçu ; on n'oubliera pas qu'il n'était sans doute alors qu'un écolier, un écolier qui, peut-être, avait approfondi déjà des problèmes singulièrement difficiles.

Après avoir expliqué comment il juge la méthode de Lagrange, où le développement de Taylor tient le rôle essentiel, préférable à la méthode qui consiste à partir de la notion de dérivée considérée comme la limite de l'expression

$$\frac{f(X)-f(x)}{X-x},$$

limite qui ne peut être constamment nulle ou infinie, et comment le raisonnement de Lagrange ne tient pas debout, il propose de lui substituer le suivant :

Considérons d'abord une fonction $\varphi(z)$ qui devienne nulle pour la valeur o de la variable. Je dis que l'on pourra toujours déterminer un seul nombre positif et fini n de manière que $\frac{\varphi(z)}{z^n}$ ne soit ni nulle ni infinie, à moins que $\frac{\varphi(z)}{z^n}$ ne soit nul quand $z = 0$ pour toute valeur finie de n.

Car si $\frac{\varphi(z)}{z^n}$ n'est pas nul quand $z = o$ pour toute valeur finie de n, soit m une valeur telle que $\frac{\varphi(z)}{z^m}$ ne soit pas nul quand $z = o$. Si $\frac{\varphi(z)}{z^m}$ acquiert alors une valeur finie, la proposition est démontrée. Si non $\frac{\varphi(z)}{z^m}$ étant infini et $\varphi(z)$ nul pour $z = o$, en faisant croître n depuis $n = o$ jusqu'à $n = m$, les valeurs de $\frac{\varphi(z)}{z^n}$ pour $z = o$ devront être infinies à partir d'une certaine limite. Soit p cette limite. $\frac{\varphi(z)}{z^p}$ ne sera pas infini pour $z = o$ mais $\frac{\varphi(z)}{z^{p+\mu}}$ le sera, quelque petite que soit la quantité μ. Donc $\frac{\varphi(z)}{z^p}$ ne saurait être nul pour $z = o$. La proposition est donc démontrée.

De cette proposition ainsi « démontrée », Galois conclut qu'une fonction $\varphi(z)$, qui ne devient pas infinie pour $z = o$, peut se mettre sous la forme

$$\varphi(z) = A + B z^n + C z^m + \ldots + P z^p + z^k \Psi(z),$$

où les exposants positifs n, m, ..., p, k vont en croïssant, l'exposant k étant aussi grand qu'on veut et la fonction $\Psi(z)$ n'étant ni nulle ni infinie pour $z = o$.

De la formule du binome il déduit ensuite le développement de Taylor.

Quant aux fragments qui suivent, j'ai cru devoir les reproduire tels quels, avec une exactitude minutieuse, en conservant l'orthographe, la ponctuation ou l'absence de ponctuation, sans les quelques corrections qui se présentent naturellement à l'esprit. Cette minutie m'était imposée pour les quelques passages où la pensée de Galois n'était pas claire pour moi; sur cette pensée, les fragments informes que je publie jetteront peut-être quelque lueur. Je me suis efforcé de donner au lecteur une photographie sans retouche.

J. T.

H

[Première feuille] (¹).

Permutations. Nombres de lettres m.

Substitutions. Notation.

Période. Substitutions inverses. Substitutions semblables. Substitutions circulaires. Ordre. Autres substitutions.

Groupes. Groupes semblables. Notation.

Théorème I. Les Permutations communes à deux groupes forment un groupe.

Théorème II. Si un groupe est contenu dans un autre, celui-ci sera la somme d'un certain nombre de groupes semblables au premier, qui en sera dit un *diviseur*.

Théorème III. Si le nombre des permutations d'un groupe est divisible par p (p étant premier), ce groupe contiendra une substitution dont la période sera de p termes.

Réduction des groupes, dépendants ou indépendants. Groupes irréductibles.

Des groupes irréductibles en général.

Théorème. Parmi les permutations d'un groupe, il y en a toujours une où une lettre donnée occupe une place donnée, et, si l'on ne considère dans un groupe irréductible que les permutations où une même lettre occupe une même place et qu'on fasse abstraction de cette lettre, les permutations qu'on obtiendra ainsi formeront un groupe. Soit n le nombre des permutations de ce dernier mn (²).

Nouvelle démonstration du théorème relatif aux groupes alternes.

Théorème. Si un groupe contient une substitution complète de l'ordre m et une de l'ordre $m - 1$, il sera irréductible.

(¹) Ce fragment occupe deux feuilles, écrites sur les deux faces, du format 23×18.

(²) Cette phrase elliptique a été ajoutée dans une fin de ligne et dans l'interligne au-dessous.

Discussion des groupes irréductibles. Groupes, primitif et non primitif. Propriété des racines (1).

On peut supposer que le groupe ne contienne que des substitutions paires.

Il y aura toujours un système conjugué complet de m permutations quand $m = 4n$ et $4n + 1$, un système conjugué complet de $\frac{m}{2}$ permutations quand $m = 4n + 2$.

Donc $t = m - 2$ dans le premier cas, $t = \frac{m-2}{2}$ dans le second (2).

[Deuxième feuille.]

Application à la théorie des fonctions et des équations algébriques. Fonctions semblables. Combien il peut y avoir de fonctions semblables entre elles. Mr Cauchy. Groupes appartenant aux fonctions. Théorème plus général, quand $m > 4$. Quelles sont les fonctions qui n'ont que m valeurs, ou qui ne contenant que des substitutions paires, n'ont que $2m$ valeurs.

Théorème. Si une fonction de m indéterminées est donnée par une équation de degré inférieur à m dont tous les coéfficients soient des fonctions symmetriques permanentes ou alternées de ces indéterminées, cette fonction sera elle meme symmetrique, quand $m > 4$.

Théorème. Si une fonction de m indéterminées est donnée par une équation de degré m dont tous les coéfficients, etc.; cette fonction sera symmetrique permanente ou alternée par rapport à toutes les lettres ou du moins par rapport à $m - 1$ d'entre elles.

Théorème. Aucune équation algebrique de degré superieur à 4 ne saurait se résoudre ni s'abaisser.

Du cas ou une fonction des racines de l'équation dont le groupe est G est connu [e].

Théorème. Soit H le groupe d'une fonction φ des racines, G est

(1) La première page finit ici; les six lignes qui suivent sont au verso.

(2) Un peu plus bas, on lit : Discussion des groupes irréductibles; le texte de la page est couvert de calculs, écrits en renversant la page de haut en bas.

un diviseur de H, φ ne dépendra [plus que d'une] (1) équation du $n^{\text{ième}}$ degré.

On peut ramener à ce cas celui où on supposerait plusieurs fonctions connues.

Premier cas. Quand le groupe appartenant à la fonction connue est réductible. Cas où une seule permutation lui appartient.

2e cas. Quand le groupe appartenant à la fonction est irréductible non primitif.

3e cas. Quand le groupe appartenant à la fonction est primitif m étant premier (2).

4e cas. Quand le groupe appartenant à la fonction est primitif et que $m = p^2$.

5e cas. Quand le groupe est primitif $m - 1$ étant premier ou le carré d'un nombre premier (3).

Note sur les équations numériques.

Ce qu'on entend par l'ensemble des permutations d'une équation.

---

(1) Les mots mis ici entre crochets sont barrés; au reste tout ce passage, à partir de « Du cas ou » jusqu'à « plusieurs fonctions connues » est couvert de ratures et de surcharges; on lit, par exemple, sous une rature : « Si D est le commun diviseur à ce groupe et à celui de la fonction supposée »; tout ce passage est un renvoi placé au bas de la page, de façon à être substitué à trois lignes qui sont barrées, et dont voici le texte :

Du cas où une fonction des racines est censée connue.
Remarque. On peut réduire à ce cas celui où on supposerait plusieurs connues.

(2) Au-dessous en interligne :

. Jusqu'ici on avait cru

(3) Les deux fragments qui suivent sont sur l'autre face de la feuille; ils sont séparés par un blanc laissé au milieu de la page; au-dessus de l'avant-dernière ligne du premier passage et dans le blanc, on trouve les mots suivants dont le premier est couvert d'une rature et dont les autres sont bâtonnés; la lecture du mot *Présenté* est douteuse.

Mémoire
sur la théorie des fonctions et sur celle
des équations littérales.
Présenté à l'Institut par
E. Galois.

Octobre 1829.

Du cas où cet ensemble constitue un groupe.

Il n'y a qu'une circonstance où nous ayons reconnu que celà doit nécessairement avoir lieu. C'est celui où toutes les racines sont des fonctions rationnelles d'une quelconque d'entre elles. Démonstration.

C'est improprement, etc. Du reste, tout ce que nous avons dit est applicable à ce changement près. 1°. théorème. Si une équation jouit de la propriété énoncée, toute fonction des racines invariable par les $m-1$ substitutions conjuguées sera connue, et réciproquement. 2° Théorème découlant de la réciproque précédente [1]. Toute équation dont les racines seront des fonctions rationnelles de la première; jouira de la même propriété. 3° Corollaire. Si a est une racine imaginaire d'une pareille équation et que fa en soit la conjuguée, fx sera en general la conjuguée d'une racine quelconque imaginaire, x.

On peut passer aisément de ce cas à celui où une racine étant connue, quelques unes en dépendent par des fonctions rationnelles. Car soient

$$x, \quad \varphi_1 x, \quad \varphi_2(x), \quad \ldots.$$

Ces racines, si l'on prend, etc.

Il est aisé de voir que la même méthode de décomposition s'applique au cas où dans l'ensemble des permutations d'une équation, n memes lettres occupent toujours n mêmes places (abstraction faite de l'ordre) quand une seule de ces lettres occupe une de ces places, et il n'est pas nécessaire pour celà que l'ensemble de ces permutations constitue un groupe.

---

[1] Mots placés en interligne et presque illisibles; on pourrait aussi bien lire *remarque* que *réciproque*.

I

(1)

On appele groupe un système de permutations tel que etc. Nous representerons cet ensemble par G.

GS est le groupe engendré lorsqu'on opère sur tout le groupe G la substitution S. Il sera dit semblable;

Un groupe peut être fort different d'un autre et avoir les mêmes substitutions. Ce groupe en général ne sera pas GS.

Groupe réductible est un groupe dans les permutations duquel n lettres ne sortent pas de n places fixes. Tel est le groupe

abcde	*abdec*	*abecd*
bacde	*badec*	*baecd*

Un groupe irréductible, etc.

Un groupe irréductible est tel qu'une lettre donnée occupe une place donnée. Car, supposons qu'une place ne puisse appartenir qu'à n lettres. Alors toute place occupée par l'une de ces lettres jouira de la mème propriété. Donc etc.

Groupe irréductible non-primitif est celui où l'on a n places et n lettres telles que une des lettres ne puisse occuper une de ces places, sans que les n lettres n'occupent les n places.

On voit que les lettres se partageront en classes de n lettres telles que les n places en question ne puissent etre occupees à la fois que par l'une de ces places [classes] (2).

---

(1) Une feuille du format 23 × 17, écrite sur les deux faces.

(2) En renversant la page, on trouve quelques lignes relatives à la décomposition d'un groupe, que l'absence de contexte rend inintelligibles, puis le commencement d'une question, qu'on retrouve en entier sur un petit fragment de papier, comme il suit :

Étant donnée une substitution S et deux permutations A et A' on demande une substitution S' telle que la lettre située au $k^{\text{ième}}$ rang dans A prennant le $\varphi k^{\text{ième}}$ rang dans AS, la lettre située au k^{eme} rang dans A' prenne le $\varphi k^{\text{ième}}$ dans A'S'.

Supposons le problème résolu. Soit $A' = AT$, on aura évidemment

$$A'S' = AST$$

d'où

$$TS' = ST$$
$$S' = T^{-1}ST$$

Sur l'autre face du même fragment, on lit :

Si l'on représente les n lettres par n indices

$$1.2.3....n$$

toute permutation pourra être représentée

$$\varphi 1 \quad \varphi 2 \quad \varphi 3 \quad \ldots \quad \varphi n$$

φ étant une fonction convenablement choisie la substitution par laquelle on passe de la première perm. à l'autre sera $(k, \varphi k)$, k désignant un indice quelconque.

Au lieu de représenter les lettres par des nombres on pourrait représenter les places par des nombres.

J

. . . .

équations (¹). Nous nous contenterons donc d'avoir exposé les définitions indispensables pour l'intelligence de la suite et nous allons montrer la liaison qui existe entre les deux théories.

§ 2. *Comment la théorie des Equations dépend de celle des Permutations.*

6. Considérons une équation à coëfficients quelconques et regardons comme rationnelle toute quantité qui s'exprime rationnellement au moyen des coëfficients de l'équation, et même au moyen d'un certain nombre d'autres quantités irrationnelles *adjointes* que l'on peut supposer connues à priori.

Lorsqu'une fonction des racines ne change pas de valeur numériques par une certaine substitution opérée entre les racines, elle est dite invariable par cette substitution. On voit qu'une fonction peut très bien être invariable par telle ou telle substitution entre les racines, sans que sa forme l'indique. Ainsi, si $F(x)=0$ est l'équation proposée, la fonction $\varphi[F(a),\ F(b),\ F(c),\ \ldots]$, ($\varphi$ étant une fonction quelconque, et a, b, c .. les racines) sera une fonction de ces racines invariable par toute substitution entre les racines, sans que sa forme l'indique généralement.

Or c'est une Question dont il ne paraît pas qu'on ait encore la solution, de savoir si, étant donnée une fonction de plusieurs

---

(¹) Ce fragment comporte trois feuilles du format 20×15, du même papier que le fragment M; la troisième feuille, dont il est question dans une note ultérieure, est intacte; les deux autres sont déchirées, à droite, de haut en bas; il manque quelques lettres et, parfois, des mots entiers; d'où les crochets que l'on trouvera dans le texte imprimé. La déchirure a pu se faire en détachant les trois feuilles d'un cahier pareil à celui qui porte le titre « Notes de mathématiques » et dont j'ai parlé plus haut.

Cet essai est sans doute antérieur à la rédaction du Mémoire sur les conditions de résolubilité des équations par radicaux, et de la feuille relative à la proposition I de ce Mémoire, dont j'ai parlé précédemment (p. 11); les deux rédactions sont interrompues; pour l'une et l'autre, la fin de la page reste blanche; l'essai n'a pas été achevé.

quantités numériques, on peut trouver un groupe qui contienne toutes les substitutions par lesquelles cette fonction est invariable, et qui n'en contienne pas d'autres.

Il est certain que celà a lieu pour des quantités littérales, puisqu'une fonction de plusieurs lettres invariables par deux substitutions est invariable par leur produit. Mais rien n'annonce que la même chose ait toujours lieu quand aux lettres on substitue des nombres.

On ne peut donc point traiter toutes les équations comme les équations littérales. Il faut avoir recours à des considérations fondées sur les propriétés particulières de chaque équation numérique. C'est ce que je vais tacher de faire

Des cas particuliers des équations (1)

7 Remarquons que tout ce qu'une équation numérique peut avoir de particulier, doit provenir de certai[nes] relations entre les racines. Ces relations seront ratio[nnelles] dans le sens que nous l'avons entendu, c'est à dir[e] qu'elles ne contiendront d'irrationnelles que les coëffici[ents] de l'équation et les quantités adjointes. De plus [ces] relations ne devront pas être invariables par to[ute] substitution opérée sur les racines, sans quoi on [n'aurait] rien de plus que dans les équations littérales.

Ce qu'il importe donc de connaitre, c'est par quelles substitutions peuvent être invari[ables] des relations entre les racines, ou ce qui revient a[u même,] des fonctions des racines dont la valeur numéri[que] est déterminable rationnellement.

A ce sujet, nous allons démontrer un théorème de la dernière importance dans cette matière et dont l'énoncé suit : « *Etant donnée une équation avec un certain nombre de quantités adjointes, il existe toujours un certain groupe de permutations dont les substitutions sont telles* (2) *que toute fonction des ra-*

---

(1) Ces mots sont mis en marge.

(2) La page se termine au mot « telles », le reste se continue sur deux feuilles distinctes; l'une de ces deux feuilles est écrite sur le recto et le verso, c'est celle dont le texte est imprimé ci-dessus ; l'autre feuille n'est écrite que sur le recto, jusqu'au milieu de la page : le verso contient quelques calculs relatifs à la résolution algébrique de l'équation du troisième degré. Les deux feuilles contiennent le même texte jusqu'à la fin de l'alinéa « ... sont seules connues ». A partir de ces mots, on lit dans la seconde feuille :

Mais, avant de développer la démonstration complète de cette proposition,

cines invariable par ces substitutions est rationnellement connue, et telle réciproquement qu'une fonction ne peut être rationnellement déterminable, à moins d'être invariable par ces substitutions que nous nommerons substitutions de l'équation. » (Dans le cas des équations littérales, ce groupe n'est autre chose que l'ensemble de toutes les permutations des racines, puisque les fonctions symmétriques sont seules connues).

Pour plus de simplicité, nous supposerons dans la démonstration de notre théorème, qu'il ait été reconnu pour toutes les équations de degrés inférieurs; ce qu'on peut toujours admettre puisqu'il est évident pour les équations du second degré.

Admettons donc la chose pour tous les degrés inférieurs à m; pour la démontrer dans le $m^{\text{ième}}$, nous distinguerons quatre cas :

1er Cas. L'équation se décomposant en deux ou en un plus grand nombre de facteurs.

Soit $U = o$ l'équation, $U = VT$, V et T étant des fonctions dont les coëfficients se déterminent rationnellement au moyen des coëfficients de la proposée et des quantités adjointes.

Je vais faire voir que, dans l'hypothèse, on pourra trouver un groupe qui satisfasse à la condition énoncée.

Remarquons ici que dans ces sortes de questions, comme il ne s'agit que des substitutions par les quelles des fonctions sont invariables, si un groupe satisfait à la condition, tout groupe qui aurait les mêmes substitutions y satisfera aussi. Il convient donc de partir toujours d'une permutation arbitraire, mais fixe, afin de déterminer les groupes que l'on aura à considérer. De cette manière, on évitera toute ambiguité.

Celà posé, dans le cas actuel, il est clair que si l'on adjoignait à l'équation $U = o$, toutes les racines de l'équation $V = o$, l'équation $U = o$ se décomposerait en facteurs dont l'un serait $T = o$, et les autres seraient les facteurs simples de V.

Soit H le groupe que l'on obtient en opérant [sur] une permu-

---

nous ferons voir qu'il suffit de la donner dans le cas où l'équation proposée ne se décompose pas en facteurs dont les coëfficients se déduisent rationnellement de ses coëfficients et des quantités qui lui sont adjointes, plus brièvement, dans le cas où l'équation n'a pas de diviseurs rationnels. Admettons en effet que la chose ait été démontrée dans ce cas, et supposons qu'une équation se décompose en deux facteurs qui n'aient eux-mêmes aucun diviseur rationnel.

tation arbitraire A des racines de l'équati[on] U = o, toutes les substitutions qui sont relatives à l'équation T = o quand on [lui] adjoint les racines de V = o.

Soit K le groupe que l'obtient en opérant sur [toutes] les substitutions qui sont relatives à V = o q[uand on] ne lui adjoint que les quantités [adjoin]tes primitivement à la proposée.

Combinez en tous sens toutes les substitutions du groupe H avec [celles] du groupe K. Vous obtiendrez un groupe réductible [que] je dis jouir de la condition éxigée relativement [à la] question proposée.

En effet toute fonction invariable par les substi[tutions] du groupe [1]

---

[1] Un fragment qui semble un morceau déchiré (hauteur, 9cm) d'une feuille de papier du même format contient le texte suivant, d'un côté :

Soit G un groupe correspondant à l'équation $\psi = o$ et A, B, C.... les permutations du groupe G. Pour obtenir un pareil groupe, il faut opérer sur une permutation A toutes les substitutions de l'équation ψ. Nous supposons que la permutation A contienne toutes [les] racines de $F(x) = o$.

Prennons une fonction $\Phi(A\Sigma)$ invariable par les substitutions Σ relatives aux racines de φ,

et de l'autre côté :

qui correspondent aux substitutions indiquées quand aux racines de l'équation φ on substitue leurs expressions en fonction de celles de ψ. Je dis qu'il viendra un groupe de Permutations qui relativement à la proposée $F(x) = o$ satisfera à la condition exigée. En effet, toute fonction des racines invariable par les substitutions de ce groupe pourra d'abord s'exprimer en fonction des seules racines de l'équation ψ. De plus, comme cette fonction transformée sera encore invariable par les substitutions de l'équation ψ on voit que sa valeur numérique

K
(1)

Soit donc $\varphi(H)$ une certaine fonction invariable par les substitutions du groupe H et non par celles du groupe G. On aura donc

$$\varphi(H) = f(r)$$

la fonction f ne contenant dans son expression que les quantités antérieurement connues.

Eliminons algébriquement r entre les équations

$$r^p = A \qquad f(r) = z$$

On aura une équation irréductible du $p^{\text{ième}}$ degré en z. (Si non z serait fonction de r^p : ce qui est contre l'hypothèse). Maintenant soit S une des substitutions du groupe G qui ne lui soient pas communes à H. On voit que $\varphi(HS)$ sera encore racine de l'équation ci-dessus en z, puisque les coëfficients de cette équation sont invariables par la substitution S.

On aura donc

$$\varphi(HS) = f(\alpha r)$$

α étant une des racines de l'unité.

Ces deux équations

$$\varphi(H) = f(r) \qquad \varphi(HS) = f(\alpha r)$$

Donneront par l'élimination de r une relation entre

$$\varphi(H) \quad \varphi(HS) \quad \text{et} \quad \alpha$$

indépendante de r, et la même relation aura par conséquent lieu entre

$$\varphi(H) \quad \text{et} \quad \varphi(HS^2)$$

Donc : comme

$$\varphi(HS) = f(\alpha r)$$

on en déduit

$$\varphi(HS^2) = f(\alpha^2 r)$$

(1) Feuille déchirée (18 × 17), écrite sur les deux faces.

et ainsi de suite, jusqu'à

$$\varphi(HS^p) = f(r) = \varphi(H)$$

Ainsi la connaissance de la seule quantité r, donne à la fois toutes les fonctions correspondantes aux groupes

$$H, \quad HS, \quad HS^2, \quad \ldots\ldots$$

la somme de ces groupes est évidemment G, puisque toute

L

Etant donnée [1] une équation avec tant de quantités adjointes que l'on voudra, on peut toujours trouver quelque fonction des racines qui soit numériquement invariable par toutes les substitutions d'un groupe donné et ne le soit pas par d'autres substitutions.

Si le groupe d'une équation se décompose en n groupes semblables H, HS, HS [2], et qu'une fonction $\varphi(H)$ soit invariable par toutes les substitutions du groupe H par aucune autre substitution du groupe G, cette fonction est racine d'une équation irréductible du $n^{\text{ième}}$ degré dont les autres racines sont $\varphi(HS)$, ...

---

(1) Cet énoncé est écrit sur un morceau de papier (10×18) ; l'écriture, parfois malaisée à déchiffrer en raison des ratures et des surcharges, trahit une certaine nervosité; au-dessous, Galois a mis son nom, écrit à main posée, avec une certaine complaisance.

(2) Il n'est guère utile de dire qu'il faut lire HS^2; ce passage est à demi effacé.

M

Note (¹).

On appèle équations non-primitives les équations qui, étant, par exemple du degré mn se décomposent en m facteurs du degré n au moyen d'une seule équation du degré m. Ce sont les Equations de Mr Gauss. Les équations primitives sont celles qui ne jouissent pas d'une pareille simplification. Je suis, à l'égard des Equations primitives, parvenu aux résultats suivants :

1° Pour qu'une équation primitive de degré m soit résoluble par radicaux, il faut que $m=p^\nu$, p étant un nombre premier

2° Si l'on excepte le cas de $m=9$ et $m=p^p$, l'équation devra être telle que deux quelconques de ses racines étant connues, les autres s'en déduisent rationnellement.

3° Dans le cas de $m=p^p$, deux des racines étant connues, les autres doivent s'en déduire du moins par un seul radical du degré p.

4° Enfin dans le cas de $m=9$, l'équation doit être du genre de celles qui déterminent la trisection des fonctions Elliptiques.

La démonstration de ces propositions est fondée sur la théorie des permutations.

(¹) Une seule page de format 20 × 15. Ce fragment et le suivant doivent être rapprochés de l'*Analyse d'un Mémoire sur la résolution algébrique des équations,* qui a été publiée dans le *Bulletin de Férussac* (*Œuvres*, p. 11), et dont les premières lignes sont identiques à celles du fragment M.

N
(1)

ADDITION AU MÉMOIRE SUR LA RÉSOLUTION DES ÉQUATIONS.

Lemme I. Soit un groupe G de $mt.n$ permutations, qui se décompose en n groupes semblables à H. Supposons que le groupe H se décompose en t groupes de m permutations, et semblables à K.

Si, parmi toutes les substitutions du groupe G, celles du groupe H sont les seules qui puissent transformer l'une dans l'autre quelques substitutions du groupe K, on aura $n \equiv 1$ (mod. m) ou $tn \equiv t$ (mod. m).

Lemme II. Si μ est un nombre premier, et p un entier quelconque on aura

$$(x-p)(x-p^2)(x-p^3)\ldots(x-p^{\mu-1}) \equiv \frac{x^\mu - 1}{x-1} \left(\text{mod. } \frac{p^\mu - 1}{p-1}\right).$$

Ces deux lemmes permettent de voir dans quel cas un groupe primitif de degré p^ν (où p est premier) peut appartenir à une équation résoluble par radicaux.

En effet, appelons G un groupe qui contient toutes les substitutions linéaires possibles par les $\frac{p^\nu - 1}{p-1}$ lettres. (Voyez le mémoire cité.) Soit, s'il est possible, L un groupe qui divise G et qui se partage lui-même en p groupes semblables à K, K ne comprennant pas deux permutations où une lettre occupe la même place. On peut prouver 1° que s'il y a dans le groupe G et hors du groupe L, quelque substitution S qui transforme l'une dans l'autre quelques substitutions du groupe K, cette substitution sera de r termes, r étant un diviseur de $p-1$.

D'après celà, comme le nombre de permutations du groupe G est

$$\frac{p^\nu - 1}{n-1} \cdot (p^\nu - p^{\nu-1})(p^\nu - p^{\nu-2})\ldots(p^\nu - p^2)(p^\nu - p)$$

d'après le lemme I, on devra avoir (2)

$$(p^\nu - p^{\nu-1})(p^\nu - p^{\nu-2})\ldots(p^\nu - p^2)(p^\nu - p) \equiv p^k r \left(\text{mod. } \frac{p^\nu - 1}{p-1}\right)$$

---

(1) Une feuille (18 × 15), écrite des deux côtés.

(2) Relativement au premier membre de la congruence qui suit, je dois signaler

D'où L'on voit que ν doit être un nombre premier (¹). (Lemme II)

$$pr \equiv \nu \left(\operatorname{mod} \frac{p^\nu - 1}{p-1}\right)$$

On en déduit quand $\nu > 2$ $pr = \mu$, savoir $p = \nu$, puisque p et μ sont premiers.

Ainsi, le théorème que j'avais énoncé dans mon mémoire sera vrai dans tout autre cas que dans celui où p serait élevé à la puissance p.

Toujours devra-t-on avoir $r = 1$, et $L = H$. Ainsi même dans le $p^{p^{\text{ème}}}$ degré le groupe de l'équation réduite du degré $\frac{p^p - 1}{p-1}$ devra être de $\frac{p^p - 1}{p-1}p$ permutations. La règle est donc encore fort simple dans ce cas.

il faut comme on voit 1° que $\nu = 1$; 2° que le groupe de la réduite soit de $\frac{p^p - 1}{p-1}p$ permutations

---

l'énoncé que voici, écrit sur la première page d'une feuille double (22×18) :

Le produit

$$(p^\nu - p)(p^\nu - p^2)(p^\nu - p^3)\dots(p^\nu - p^{\nu-1})$$

n'admet point de facteur premier $> \frac{p^\nu - 1}{\partial(p-1)}$, ∂ étant le plus grand commun diviseur entre ν et $p - 1$, à moins que $\nu = 2$.

Cet énoncé est placé au milieu de calculs dont quelques-uns concernent la transformation des fonctions elliptiques. Sur les autres pages, d'autres formules se rapportent à l'équation $\frac{du}{dx} = \frac{d^2u}{dt^2}$, aux fonctions trigonométriques, à la résolution des équations binomes, à la décomposition des fonctions trigonométriques en produits ou en fractions simples, etc.

(¹) Dans la ligne qui suit et, un peu plus loin, dans l'égalité $p = \nu$, la lettre ν a été mise en surcharge sur la lettre μ; ensuite, la correction n'a pas été faite. Au reste, la lecture de ce fragment est, par endroits, assez difficile.

O
(1)

Dans un mémoire sur la théorie des Equations, j'ai fait voir comment on peut résoudre une équation algébrique de degré premier m, dont les racines sont x_0, x_1, x_2, ..., x_{m-1}, quand on suppose connue la valeur d'une fonction des racines qui ne demeure invariable que par les substitutions de la forme (x_k, x_{ak+b}). Or il arrive, par un hasard que nous n'avions pas prévu, que la Méthode proposée dans ce mémoire s'applique avec succès à la division d'une fonction elliptique de première classe en un nombre premier de parties égales. Nous pourrions, à la rigueur, nous contenter de donner cette division, et le problème de la section des fonctions de première classe pourrait être considéré comme résolu.

Mais, afin de rendre cette solution plus générale, nous nous proposerons de diviser une fonction elliptique de première classe en m parties égales, m étant $= p^n$ et p premier.

Pour celà nous étendons d'abord la méthode exposée dans le mémoire cité, au cas où le degré de l'équation serait une puissance de nombre premier. Nous supposerons toujours que les racines soient x_0, x_1, x_2, ... x_{m-1}, et que l'on connaisse la valeur d'une fonction de ces racines qui ne demeure invariable que pour des substitutions de la forme $(k, ak+b)$.

Dans cette expression, k et $ak+b$ signifieront les restes minima de ces quantités par rapport à m. Parmi les substitutions de cette forme, que, pour abréger, nous appelerons substitutions linéaires, il est clair que l'on ne peut admettre que celles où a est premier avec m, sans quoi une même $ak+b$ remplacerait à la fois plusieurs k.

Celà posé, passons à la resolution de la classe d'équations indiquée.

§ 1. ***Résolution de l'équation algébrique de degré p^n en y supposant connue la valeur d'une fonction qui n'est invariable que par des substitutions linéaires.***

La congruence $k = ak+b$ n'étant pas soluble pour plus d'une

(1) Trois feuilles (20 × 15) écrites sur les deux faces.

seule valeur, on voit clairement que la fonction qu'on suppose connue n'est invariable par aucune substitution dans laquelle deux lettres garderaient un même rang.

Si donc, mutatis mutandis, on applique à ce cas les raisonnements employés dans le mémoire cité, on vérifiera l'énoncé de la proposition qui suit :

« Etant supposée connue la valeur de la fonction en question, une racine s'exprimera toujours au moyen de deux autres, et l'égalité qu'on obtiendra ainsi sera invariable par les substitutions telles que $(k, ak+b)$. »

Soit donc $x_2 = f(x_1, x_0)$, on en déduira en général,

$$x_{2a+b} = f(x_{a+b}, x_b),$$

équation qui, appliquée de toutes manières, donnera l'expression d'une quelconque des racines de deux autres quelconques, si l'on a soin d'y substituer successivement les expressions des racines qui entrent dans cette équation.

Celà posé, prennons une fonction symmétrique Φ des racines $x_0, x_p, x_{2p}, x_{3p}, \ldots, x_{(p^{n-1}-1)p}$; il vient

$$\Phi(x_0, x_p, x_{2p}, \ldots.) = \Phi_0$$
$$\Phi(x_1, x_{p+1}, x_{2p+1}, \ldots) = \Phi_1$$
$$\Phi(x_2, x_{p+2}, x_{2p+2}, \ldots) = \Phi_2$$
$$\ldots.$$
$$\Phi(x_{p-1}, x_{2p-1}, \ldots..) = \Phi_{p-1}$$

et supposons qu'en général $\Phi_{k+p} = \Phi_k$. Toute fonction des quantités Φ, qui sera invariable par les substitutions linéaires de ces quantités, sera évidemment une fonction invariable par les substitutions linéaires de $x_0, x_1, x_2, \ldots, x_{m-1}$. Ainsi l'on connaitra à priori toute fonction des quantités, $\Phi_0, \Phi_1, \ldots, \Phi_{p-1}$, invariable par les substitutions linéaires de ces quantités. On pourra donc 1° former l'équation dont ces quantités sont racines (puisque toute fonction symmétrique est à plus forte raison invariable par les substitutions); 2° résoudre cette équation.

Il suit de là, qu'on pourra toujours, au moyen d'une équation de degré p, algébriquement soluble, diviser l'équation proposée en facteurs dont les racines seront respectivement

$$\begin{array}{lllll} x_0 & x_p & x_{2p} & x_{3p} & \ldots\ldots \\ x_1 & x_{p+1} & x_{2p+1} & x_{3p+1}, & \ldots \\ \ldots\ldots\ldots\ldots\ldots & & & & \end{array}$$

Comme dans chaque facteur on aura l'expression d'une racine au moyen de deux autres, par éxemple, dans le premier,

$$f(x_p, x_0) = x_{2p}$$

et que cette expression sera invariable par toute substitution linéaire, on voit que chaque facteur pourra se traiter comme l'équation donnée, et que le problème, s'abaissant successivement, sera enfin résolu.

On peut en conséquence regarder comme solubles les équations dans les quelles on connaitrait la valeur d'une fonction des racines qui ne serait invariable que par des substitutions linéaires, quand le degré de l'équation est une puissance de nombre premier.

Nous pouvons donc passer à la solution du problème général de la section des transcendantes de première classe, puisque, toute fraction étant la somme de fractions dont les dénominateurs sont des puissances de nombres premiers, il suffit d'apprendre à diviser ces transcendantes en p^n parties égales.

§ 2. *Division des transcendantes de première espèce en $m = p^n$ parties égales.*

Nous déterminerons chaque transcendante par le sinus de son amplitude. On pourrait de la même manière prendre le cosinus ou la tangente, et il n'y aurait rien à changer à ce que nous allons dire.

Nous désignerons par (x, y) le sinus de la transcendante somme des transcendantes dont les sinus sont x et y. Si x est le sinus d'une transcendante, $(x)^k$ désignera celui d'une transcendante k fois plus grande.

Il est clair que $(x, -y)$ sera le sinus de la différence des transcendantes qui ont pour sinus, d'après la notation indiquée pour les sommes.

Celà posé, nous commencerons par une remarque sur la nature des quantités qui satisfont à l'équation $(x)^m = 0$.

Si l'on désigne par p l'une de ses racines, il est clair que $(p)^k$ en sera une autre. L'on aura donc une suite de racines exprimée par p, $(p)^2$, $(p)^3$, ..., $(p)^{m-1}$. Le nombre des racines étant $> m$, soit q une des racines qui ne sont pas comprises dans cette suite, $(q)^l$ sera une autre racine différente de q et des premières. Car, si l'on avait $(p)^k = (q)^l$ on en déduirait $q = (p)^g$, g étant un nombre entier.

Prennant donc les deux suites p, $(p)^2$, ... et q, $(q)^2$, ... on trouvera pour la formule générale des racines de l'équation $(x)^m = 0$, cette expression

$$((p)^k, (q)^l)$$

Celà posé, supposons que l'on donne à résoudre l'équation $(x)^m = \sin A$, m étant impair et toujours de la forme p^n. Si x est une des racines, il est clair que toutes les autres seront

$$(x, (p)^k, (q)^l)$$

Posons donc en général

$$(x, (p)^k, (q)^l) = x_{k.l}$$

en faisant $x = x_{00}$, nous en déduirons généralement

$$(x_{2a+b.2c+d}, -x_{a+b.c+d}) = (x_{a+b.c+d}, -x_{b.d})$$

d'où

$$(x_{2a+b.2c+d}) = ((x_{a+b.c+d})^2, -x_{b.d})$$

Or il est aisé de tirer de cette égalité une expression rationnelle de $x_{2a+b.2c+d}$ en fonction de $x_{a+b.c+d}$ et de $x_{b.d}$. Car si φ est l'arc correspondant à l'un quelconque des sinus qui satisfont à l'équation $(x)^m = \sin A$ pour avoir $\cos\varphi$ en fonction de $\sin\varphi$, il suffit de chercher le plus grand commun diviseur entre les équations $x^2 + y^2 = 1$ et $f(y) = \cos A$, $f(y)$ étant le cosinus de la transcendante m fois plus grande que celle dont le cosinus est y. On trouverait de même $\Delta\varphi$ en fonction rationnelle de $\sin\varphi$.

On pourra donc, par les formules connues, exprimer

$$x_{2a+b.2c+d} = f(x_{a+b.c+d}, x_{b.d})$$

en fonction rationnelle de $x_{a+b.c+d}$ et de $x_{b.d}$.

Ce principe posé, démontrons la proposition suivante :

« Toute fonction rationnelle de $x_{0.0}$ $x_{1.0}$ $x_{0.1}$ .... invariable par les substitutions de la forme $(x_{k.l}, x_{ak+b.cl+d})$ est immédiatement connue. »

En effet, on pourra d'abord rendre cette fonction fonction de $x_{0.0}$, $x_{0.1}$, $x_{1.0}$ seuls, par l'élimination des autres racines. Cette fonction ne changerait pas de valeur si à la place de $x_{0.0}$, $x_{0.1}$, $x_{1.0}$ on mettait $x_{0.0}$, $x_{0.1}$, $x_{k.l}$, k n'étant pas nul.

Or, comme toute racine de la forme $x_{0.l}$ s'exprime en fonction rationnelle de $x_{0.0}$ et $x_{0.1}$, il s'ensuit que toute fonction symmetrique des racines dans les quelles le premier indice n'est pas nul sera connue en fonction rationnelle et entière de $x_{0.0}$ et de $x_{0.1}$. Donc la fonction que nous considérions tout à l'heure ne variant pas quand on met pour $x_{1.0}$ l'une quelconque des racines dont le premier indice n'est pas nul, cette fonction sera une fonction de $x_{0.0}$ et de $x_{0.1}$ seuls. On éliminera encore $x_{0.1}$ de cette fonction qui deviendra fonction de $x_{0.0}$ et enfin une quantité connue.

Le principe est donc démontré.

Celà posé soit F une fonction symmétrique de certaines racines de l'équation proposée. Posons

$$F(x_{0.0}, x_{0.1}, x_{0.2}, \dots) = y_0$$
$$F(x_{1.0}, x_{1.1}, x_{1.2}, \dots) = y_1$$
$$F(x_{2.0}, x_{2.1}, x_{2.2}, \dots) = y_2$$

Prennons une fonction de y_0 y_1 y_2... invariable par les substitutions linéaires de ces quantités. Il est clair que cette fonction sera une fonction des racines x invariable par toute substitution telle que (1) $(x_{k.l, ak+b.ck+d})$. Cette fonction sera donc connue. On pourra donc, par la méthode que j'ai indiquée, trouver les valeurs de y_0 y_1 y_2 ... et par conséquent décomposer l'équation proposée en facteurs dont l'un ait pour racines $x_{0.0}$ $x_{0.1}$ $x_{0.2}$ ...

On trouverait de même un facteur de la même équation dont les racines seraient $x_{0.0}$ $x_{1.0}$ $x_{2.0}$ .... On pourra donc en cherchant le plus grand commun diviseur de ces deux facteurs avoir $x_{0.0}$ qui est l'une des solutions cherchées. Il en serait de même des autres racines.

---

(1) Il faut lire sans doute

$$(x_{k.l, ak+b.cl+d}).$$

P

([1])

Note I.

SUR L'INTÉGRATION DES ÉQUATIONS LINÉAIRES.

Soit l'équation linéaire à coefficients variables

$$\frac{d^n y}{dx^n} + P\frac{d^{n-1}y}{dx^{n-1}} + Q\frac{d^{n-2}y}{dx^{n-2}} + \ldots\ldots + S\frac{dy}{dx} + Ty = V$$

Pour l'intégrer supposons que nous connaissions n solutions

$$y = u_1, \quad = u_2, \quad = u_3, \quad \ldots, \quad = u_n$$

de cette équation privée de second membre. La solution complète

$$y = \alpha_1 u_1 + \alpha_2 u_2 + \alpha_3 u_3 + \ldots + \alpha_n u_n$$

qui convient à l'équation privée de second membre, satisfera encore quand on supposera ce second membre, si au lieu de regarder $\alpha_1\ \alpha_2\ \alpha_3\ \ldots\ \alpha_n$ comme constantes, on les considère comme déterminés par les équations suivantes en $\frac{d\alpha_1}{dx}\ \frac{d\alpha_2}{dx}\ldots\frac{d\alpha_n}{dx}$

$$(1)\quad \begin{cases} u_1\dfrac{d\alpha_1}{dx} + u_2\dfrac{d\alpha_2}{dx} + u_3\dfrac{d\alpha_3}{dx} + \ldots + u_n\dfrac{d\alpha_n}{dx} = 0 \\ \dfrac{du_1}{dx}\cdot\dfrac{d\alpha_1}{dx} + \dfrac{du_2}{dx}\cdot\dfrac{d\alpha_2}{dx} + \dfrac{du_3}{dx}\,\dfrac{d\alpha_3}{dx} + \ldots + \dfrac{du_n}{dx}\,\dfrac{d\alpha_n}{dx} = 0 \\ \dfrac{d^2u_1}{dx^2}\cdot\dfrac{d\alpha_1}{dx} + \dfrac{d^2u_2}{dx^2}\,\dfrac{d\alpha_2}{dx} + \dfrac{d^2u_3}{dx^2}\,\dfrac{d\alpha_3}{dx} + \ldots + \dfrac{d^2u_n}{dx^2}\,\dfrac{d\alpha_n}{dx} = 0 \\ \ldots\ldots\ldots \\ \dfrac{d^{n-1}u_1}{dx^{n-1}}\cdot\dfrac{d\alpha_1}{dx} + \dfrac{d^{n-1}u_2}{dx^{n-1}}\,\dfrac{d\alpha_2}{dx} + \dfrac{d^{n-1}u_3}{dx^{n-1}}\,\dfrac{d\alpha_3}{dx} + \ldots + \dfrac{d^{n-1}u_n}{dx^{n-1}}\,\dfrac{d\alpha_n}{dx} = V \end{cases}$$

Il importe d'abord de reconnaître si le dénominateur commun aux valeurs tirées de ces équations peut ou non être nul.

Pour celà j'observe que ce dénominateur est le même que celui

([1]) Deux pages et demie d'une feuille double (23 × 18).

des n équations suivantes résolues par rapport à P Q .... S T

$$(2)\quad \begin{cases} \dfrac{d^n u_1}{dx^n} + P\dfrac{d^{n-1} u_1}{dx^{n-1}} + Q\dfrac{d^{n-2} u_1}{dx^{n-2}} + \ldots + S\dfrac{du_1}{dx} + Tu_1 = 0 \\ \dfrac{d^n u_2}{dx^n} + P\dfrac{d^{n-1} u_2}{dx^{n-1}} + Q\dfrac{d^{n-2} u_2}{dx^{n-2}} + \ldots + S\dfrac{du_2}{dx} + Tu_2 = 0 \\ \dfrac{d^n u_3}{dx^n} + P\dfrac{d^{n-1} u_3}{dx^{n-1}} + Q\dfrac{d^{n-2} u_3}{dx^{n-2}} + \ldots + S\dfrac{du_3}{dx} + Tu_3 = 0 \\ \ldots\ldots\ldots \\ \dfrac{d^n u_n}{dx^n} + P\dfrac{d^{n-1} u_n}{dx^{n-1}} + Q\dfrac{d^{n-2} u_n}{dx^{n-2}} + \ldots + S\dfrac{du_n}{dx} + Tu_n = 0 \end{cases}$$

Or ces équations doivent être parfaitement déterminées, puisque la forme d'une équation différentielle dépend uniquement de celle de l'équation intégrale.

Donc le dénominateur en question n'est jamais nul.

Mais on peut de plus le calculer d'avance. Soit D le dénominateur. Il est aisé de voir que l'on aura

$$\frac{dD}{dx} = D_n + D_{n-1} + D_{n-2} + D_{n-3} + \ldots + D_1$$

D_1 étant ce que devient D quand on y substitue partout $\frac{d^n u}{dx^n}$ à la place de $\frac{d^{n-1} u}{dx^{n-1}}$,

D_{n-1} ce que devient D quand on y met $\frac{d^{n-1} u}{dx^{n-1}}$ au lieu de $\frac{d^{n-2} u}{dx^{n-2}}$ et ainsi de suite

enfin D_1 ce que devient D par la substitution de $\frac{du}{dx}$ à la place de u

Et comme toutes les parties sont nulles excepté D_n, il reste

$$\frac{dD}{dx} = D_n$$

Mais on a d'ailleurs

$$P = -\frac{D_n}{D}$$

Puisque $-D_n$ est le numérateur de l'expression de P tirée de (2).

Donc $D = e^{-\int P dx}$ valeur cherchée du dénominateur.

On pourrait de cette dernière formule déduire celle que nous avons trouvée plus haut, en considérant une équation linéaire de l'ordre n, comme remplaçant n équations simultanées seulement du premier ordre. Quant à la détermination des numérateurs des quantités inconnues, et à l'examen du cas où l'on n'aurait qu'une partie des solutions de la question, nous n'entrerons pas dans ces détails aux quels le lecteur suppléera au moyen des principes émis plus haut.

Q

RECHERCHE SUR LES SURFACES DU 2^{d} DEGRÉ [1].

Problème [2]. Étant données dans un parallélépipède les trois arêtes m, m', m'', et les angles θ, θ', θ'', que font entre elles respectivement m' et m'', m et m'', m et m', trouver l'expression des angles de la diagonale avec les arêtes.

Soit $m = \mathrm{OM}$, $m' = \mathrm{OM}'$, $m'' = \mathrm{OM}''$. Si l'on cherche l'angle POM que la diagonale OP forme avec OM, on aura dans le triangle OPM

$$\cos \mathrm{POM} = \frac{m^2 + \mathrm{OP}^2 - \overline{\mathrm{PM}}^2}{2\, m . \mathrm{OP}}$$

Mais on a par la géométrie

$$\overline{\mathrm{OP}}^2 = m^2 + m'^2 + m''^2 + 2\, m' m'' \cos\theta + 2\, m m'' \cos\theta' + 2\, m m' \cos\theta''$$

$$\overline{\mathrm{PM}}^2 = m'^2 + m''^2 + 2\, m' m'' \cos\theta$$

d'où l'on tire

$$m^2 + \overline{\mathrm{OP}}^2 - \overline{\mathrm{PM}}^2 = 2\, m\, (m + m'' \cos\theta' + m' \cos\theta'')$$

---

(1) Malgré son caractère élémentaire, j'ai cru devoir publier cette note, qui n'est pas sans intérêt pour l'histoire de la Géométrie analytique et de la théorie des invariants. En raison de son contenu, on peut supposer qu'elle remonte au temps où Galois était élève de M. Richard, dans la classe de Mathématiques spéciales, ou au moment où il sortait de cette classe pour entrer à l'École Normale. Toutefois, la première supposition semble devoir être écartée : s'il en avait eu connaissance, M. Richard aurait sans doute fait pénétrer dans son enseignement les idées de son élève, qui se seraient diffusées immédiatement. Quoi qu'il en soit, cette note a, comme le morceau précédent, l'aspect d'une copie d'écolier, avec la signature en haut et à gauche; elle ressemble tout à fait à quelques-unes des copies de Galois, que M. Richard avait conservées et données à Hermite. M. Émile Picard a retrouvé ces copies de Galois dans les papiers d'Hermite; il a bien voulu me les remettre pour qu'elles soient jointes au précieux trésor que Mme de Blignières donne à l'Académie des Sciences. L'une de ces copies contient un petit travail, que Galois a sans doute fait librement et remis à son maître, et où son esprit philosophique se manifeste déjà; j'en extrais cette curieuse réflexion :

Un auteur me dit : « l'arithmétique est la base de toutes les parties des Mathématiques, puisque c'est toujours aux nombres qu'il faut ramener les résultats des calculs. » D'après la dernière phrase de l'auteur, il serait plus naturel de croire que l'arithmétique est le terme et le complément de l'Analyse; et c'est ce qui a lieu.

Toutes ces copies, comme la présente note, sont sur du papier de format 23×18.

(2) Il y a une figure en marge, dans le texte de Galois.

et enfin

$$\cos \text{POM} = \frac{m + m'' \cos \theta' + m' \cos \theta''}{\text{OP}}$$

On trouvera de même pour les cosinus des angles M'OP et M''OP

$$\frac{m' + m'' \cos \theta + m \cos \theta''}{\text{OP}} \quad \text{et} \quad \frac{m'' + m' \cos \theta + m \cos \theta'}{\text{OP}}$$

Le problème est donc résolu.

Problème. Trouver pour des axes quelconques la condition de perpendicularité d'une droite et d'un plan.

Prenons à partir de l'origine et suivant certaine direction OP = 1. Appelons m, m', m'' les coordonnées du point P. Les équations de toute droite parallèle à OP, seront de la forme

$$\frac{x - a}{m} = \frac{y - b}{m'} = \frac{z - c}{m''}$$

Les quantités m, m', m'' étant liées par la relation

$$1 = m^2 + m'^2 + m''^2 + 2\, m' m'' \cos \theta + 2\, mm'' \cos \theta' + 2\, mm' \cos \theta''$$

Cherchons de même l'équation d'un plan perpendiculaire à OP.

Il est evident que si on appele x, y, z les coordonnées de ce plan, et que l'on projette orthogonalement sur OP ces coordonnées la somme des projections devra être constante. Or on connait, par le problème précédent, les cosinus des angles de la droite OP avec les axes. L'équation du plan sera donc.

$$(m + m' \cos \theta'' + m'' \cos \theta')\, x + (m' + m \cos \theta'' + m'' \cos \theta)\, y$$
$$+ (m'' + m \cos \theta' + m' \cos \theta)\, z + p = 0$$

Et il est remarquable que le premier membre de cette équation exprime aussi la distance à ce plan d'un point quelconque dont les coordonnées sont x, y, z. Ce qui est evident puisque ce premier membre n'est autre chose que la somme des projections des coordonnées d'un point sur la droite OP, augmentée de la distance du plan à l'origine.

Celà posé, soit l'équation d'une surface du second degré rapportée à des axes obliques

$$\text{A}x^2 + \text{A}'y^2 + \text{A}''z^2 + 2\text{B}yz + 2\text{B}'xz + 2\text{B}''xy$$
$$+ 2\text{C}x + 2\text{C}'y + 2\text{C}''z + \text{D} = \varphi(x, y, z) = 0$$

Lorsqu'on cherche l'équation du plan qui divise également toutes les cordes parallèles à une droite donnée, on substitue l'équation $\varphi(x, y, z) = 0$, à la place de x, y, z,

$$x + \rho m \quad y + \rho m' \quad z + \rho m''$$

et les racines de l'équation en ρ qu'on obtient ainsi, expriment les distances du point (x, y, z) aux deux points où une corde parallèle à la droite $\frac{x}{m} = \frac{y}{m'} = \frac{z}{m''}$ menée par le point (x, y, z) coupe la surface du second degré. Ces deux distances devant être égales et de signe contraire, il suffira de faire dans l'équation en ρ le second terme nul pour avoir l'équation du plan diamétral.

Or l'équation en ρ est en faisant

$$M = \varphi(m, m', m'')$$

$$\begin{aligned} MP = (Am + B''m' + B'm'')x + (A'm' + B''m + Bm'')y \\ + (A''m'' + B'm + Bm')z + Cm + C'm' + C''m'' \end{aligned}$$

de la forme

$$\rho^2 + 2P\rho + Q = 0$$

Si l'on cherche l'équation d'un plan principal, il faudra de plus que le plan représenté par $P = 0$ soit perpendiculaire à la droite $\frac{x}{m} = \frac{y}{m'} = \frac{z}{m''}$ et par conséquent que son équation soit de la forme

$$\begin{aligned} (m + m'\cos\theta'' + m''\cos\theta')x + (m' + m\cos\theta'' + m''\cos\theta)y \\ + (m'' + m\cos\theta' + m''\cos\theta)z + p = S = 0 \end{aligned}$$

Il faudra donc que les coefficients de MP et ceux de S soient proportionnels et que l'on ait

$$\frac{MP}{S} = \text{const} = s$$

La quantité étant telle que l'on ait

$$\begin{aligned} (A - s)m + (B'' - s\cos\theta'')m' + (B' - s\cos\theta')m'' = 0 \\ (A' - s)m' + (B'' - s\cos\theta'')m + (B - s\cos\theta)m'' = 0 \\ (A'' - s)m'' + (B' - s\cos\theta')m + (B - s\cos\theta)m' = 0 \end{aligned}$$

On en déduit l'équation en s,

$$\begin{aligned} 0 = &(A - s)(B - s\cos\theta)^2 + (A' - s)(B' - s\cos\theta')^2 + (A'' - s)(B'' - s\cos\theta'')^2 \\ &- (A - s)(A' - s)(A'' - s) - 2(B - s\cos\theta)(B' - s\cos\theta')(B'' - s\cos\theta'') \end{aligned}$$

qui est du troisieme degré parce qu'en effet il existe trois plans principaux.

Mais la quantité s et l'équation qui la détermine jouissent d'une propriété fort remarquable que personne jusqu'ici ne parait avoir observée.

Supposons que l'on transforme les coordonnées en exprimant les anciennes coordonnées d'un point en fonction des nouvelles. Si on substitue les valeurs de x, y, z en x', y', z' dans la fonction $\varphi(x, y, z)$ on obtient une fonction $\varphi'(x', y', z')$ d'une autre forme, et qui est telle que dans la fonction φ on substitue les anciennes coordonnées d'un point déterminé, et dans la fonction φ' les nouvelles, les deux résultats ainsi obtenus sont égaux.

Celà posé reprennons l'expression de s, $s = \frac{MP}{S}$, la quantité M étant le resultat de la substitution des coordonnées du point pris sur une droite fixe à une distance $= 1$ de l'origine c'est à dire d'un point fixe, dans l'équation de la surface, ne variera quand on transformera les coordonnées.

La quantité P exprimant la demi-somme des distances d'un point (x, y, z) à la surface distances comptées suivant une droite fixe, est aussi invariable par la transformation des coordonnées. Enfin la quantité S exprimant la distance d'un point à un plan déterminé, ne saurait non plus varier.

La quantité s est donc elle même invariable pour un même plan principal, et l'équation qui donne ses trois valeurs aura des coëfficients invariables. Or en la développant, on a

$$\begin{aligned} &(1 - \cos^2\theta - \cos^2\theta' - \cos^2\theta'' + 2\cos\theta\cos\theta'\cos\theta'')\, s^3 \\ &- s^2[A\sin^2\theta + A'\sin^2\theta' + A''\sin^2\theta'' + 2B(\cos\theta'\cos\theta'' - \cos\theta) \\ &\qquad + 2B'(\cos\theta\cos\theta'' - \cos\theta') + 2B''(\cos\theta\cos\theta' - \cos\theta'')] \\ &+ s(A'A'' + AA'' + AA' - 2AB\cos\theta - 2A'B'\cos\theta' - 2A''B''\cos\theta'' - B^2 - B'^2 - B''^2 \\ &\qquad + 2B'B''\cos\theta + 2BB''\cos\theta' + 2BB'\cos\theta'') \\ &+ AB^2 + A'B'^2 + A''B''^2 - AA'A'' - 2BB'B'' = 0 \end{aligned}$$

Divisant tous les coefficients par le premier ou par le dernier on aura trois fonctions des constantes qui entrent dans l'équation de la surface, invariables par la transformation des coordonnées. Si l'on suppose $\cos\theta$, $\cos\theta'$ et $\cos\theta''$ nuls on aura pour tous les systèmes d'axes où celà peut être c'est à dire d'axes rectangulaires, les équations

$$A + A' + A'' = \text{const}$$
$$B^2 + B'^2 + B''^2 - A'A'' - AA''AA' = \text{const}$$
$$AB^2 + A'B'^2 + A''B''^2 - AA'A'' - 2\,BB'B'' = \text{const}$$

Également si l'on suppose encore dans l'équation en s, B, B', B'' nuls, c'est à dire qu'on suppose la surface rapportée à des diamètres conjugués, en divisant toute l'équation par le dernier terme, on trouvera pour tous les systèmes semblables

$$\frac{1 - \cos^2\theta - \cos^2\theta' - \cos^2\theta'' + 2\cos\theta\cos\theta'\cos\theta''}{AA'A''} = \text{const}$$

$$\frac{\sin^2\theta}{A'A''} + \frac{\sin^2\theta'}{AA''} + \frac{\sin^2\theta}{AA'} = \text{const}$$

$$\frac{1}{A} + \frac{1}{A'} + \frac{1}{A''} = \text{const}$$

Et comme $\frac{1}{A}$, $\frac{1}{A'}$, $\frac{1}{A''}$ expriment dans ce cas les quarrés des diamétres, on retrouve ici les théorèmes connus.

FIN.

TABLE DES MATIÈRES.

INTRODUCTION.

Pages.

Description des manuscrits d'Évariste Galois qui ont été imprimés et de divers fragments 1
La Lettre à Auguste Chevalier 2
Le Mémoire sur les conditions de résolubilité par radicaux 5
Le fragment « Des équations primitives qui sont résolubles par radicaux » . 13
Les fragments A, B, C, D, E, F, G 16

PAPIERS INÉDITS DE GALOIS.

A. Discours préliminaire 21
B. Deux Mémoires d'Analyse pure suivis d'une dissertation sur la classification des problèmes, par Évariste Galois 23
C. Deux Mémoires d'Analyse pure, par E. Galois 25
D. Sciences mathématiques. Discussions sur les progrès de l'Analyse pure . 28
E. Il serait en dehors de la gravité 30
F. Ici comme dans toutes les sciences 31
G. Sciences; Hiérarchie; Écoles 32

ÉCRITS MATHÉMATIQUES INÉDITS DE GALOIS.

Description des écrits mathématiques inédits de Galois 33
H. Permutations 39
I. On appelle groupe 43
J. Équations. Nous nous contenterons 45
K. Soit donc $\varphi(H)$ une certaine fonction 49
L. Étant donnée une équation 51
M. Note 52
N. Addition au Mémoire sur la résolution des équations 53
O. Sur la division des fonctions elliptiques 55
P. Sur l'intégration des équations linéaires 60
Q. Recherches sur les surfaces du 2[d] degré 63

PARIS. — IMPRIMERIE GAUTHIER-VILLARS,
38518 Quai des Grands-Augustins, 55.

www.ingramcontent.com/pod-product-compliance
Ingram Content Group UK Ltd.
Pitfield, Milton Keynes, MK11 3LW, UK
UKHW020356180726
13839UKWH00003B/1138

9 782329 324708